UNE EXPÉDITION

DE

CHASSE AU NÉPAUL

DUC D'ORLÉANS

UNE EXPÉDITION

DE

CHASSE AU NÉPAUL

PARIS

CALMANN LÉVY, ÉDITEUR

3, RUE AUBER, 3

—

1892

AVANT-PROPOS

Ces quelques pages, jetées sur le papier pendant les heures de loisir d'un jeune disciple de saint Hubert, ne sont pas faites pour être livrées à la curiosité d'un public de lettres.

Mon cousin, le prince Henri d'Orléans, ayant déjà écrit sur la chasse aux Indes un volume des plus intéressants, je n'ai pas à traiter ici, dans une étude analogue, ce sujet suffisamment connu.

Ce récit, commencé immédiatement après notre expédition, et par conséquent avant la publication du livre de mon cousin, a été écrit uniquement pour l'agrément instructif de ceux de mes intimes qui sont amateurs de chasse. Il n'y est question que de ce genre de sport. Je me suis appliqué à rendre compte des règles que nous avons suivies pendant l'expédition, afin d'en tirer des conclusions pratiques.

J'ai résumé dans l'ouvrage mes notes prises au jour le jour sur le terrain et constituant ainsi des souvenirs que je puisse retrouver plus tard. L'expérience de la chasse, acquise depuis, m'a permis de confirmer le bien-jugé des premières observations faites au Népaul, un des pays les plus curieux de l'Inde anglaise.

Que les amis qui me liront en soient donc prévenus : ils ne trouveront ici que le récit d'incidents de chasse, suivi de quelques commentaires sur les différents procédés employés aux Indes pour poursuivre et tuer le gibier.

PHILIPPE, DUC D'ORLÉANS.

Clairvaux, février-juin 1890.

LE DÉPART

LE DÉPART

Après un très court séjour à Bombay, où j'avais débarqué au mois de février 1888, je m'étais rendu à Calcutta. J'y apprenais que mon cousin Henri d'Orléans, accompagné de MM. de Morès et de Boissy, chassait à pied le tigre dans les *Sundarbands*, sortes d'îlots marécageux et couverts de forêts vierges, situés à l'embouchure de l'Ougli, à une vingtaine de lieues de la ville. J'éprouvai aussitôt le désir bien naturel de les rejoindre et d'affronter avec eux les émotions et les périls de ce magnifique genre de chasse. Mais les remontrances de personnes prudentes, chargées de veiller sur moi, m'empêchèrent de mettre ce projet à exécution. Je fus donc obligé de ronger mon frein avec impatience, en attendant le retour de mon cousin.

Sur ces entrefaites, le vice-roi m'annonça que je pourrais avoir ma revanche en prenant part à une expédition de chasse au tigre — qui devait se faire à dos d'éléphant — dans le *teraï* du Népaul. Ne devant rejoindre que dans le courant d'avril mon régiment, alors en route de la frontière d'Afghanistan, pour la garnison de Chakrata (Himalaya), il me fut loisible d'accepter la proposition de lord Dufferin.

Au bout de huit jours, mon cousin étant arrivé, nous ne songeâmes plus qu'à organiser notre grande chasse. Quand on n'a point passé par là on ne peut s'imaginer le travail et le temps que demandent la préparation et l'équipement d'une expédition de ce genre. Heureusement, nous nous trouvions dans les meilleures conditions. Mon cousin revenait d'une chasse au cours de laquelle il avait tué de pied ferme une tigresse. Il savait donc se rendre compte de tout ce dont un chasseur de tigres doit se pourvoir. M. de Morès, entre autres, a vécu un assez long temps dans les solitudes de l'Amérique : il possède bien la nomenclature des bibelots de tout genre, indispensables à quiconque s'aventure dans les forêts vierges.

Notre expédition, organisée par M. G. Williams, devait être dirigée par lui. M. G. Williams est un planteur de la frontière népaulaise qui connaît à fond la manière de chasser le tigre. Il parle couramment l'idiome du pays où nous nous rendons. Il avait été chargé, l'année précédente, de diriger l'expédition de chasse du vice-roi dans la même région. En se faisant accompagner par lui, on ne pouvait faire un plus heureux choix.

Nous étions au samedi 25 février, et l'expédition devait quitter Calcutta le lundi 27. Nous avions tout juste le temps de faire nos emplettes. La journée du samedi suffit à peine à toutes nos courses ; et malgré la chaleur, qui commençait à devenir insupportable, nous courûmes d'un magasin à l'autre pour terminer nos achats de fusils, de munitions, de coiffures et d'effets spéciaux.

Williams obtint heureusement un jour de plus.

En attendant, je recevais une foule de conseils au sujet du choix des armes et des munitions. Aucun des chasseurs ne manquait à cet effet d'invoquer sa vieille expérience, alors que plusieurs d'entre eux n'en savaient certes pas beaucoup plus long que moi. Un seul, le docteur Finby (Fornyth), me fournit des renseignements vraiment utiles. Il avait pris part, en 1887, à la chasse du vice-roi au Népaul.

Au milieu des avis divers et contradictoires dont j'étais accablé, je pensais en moi-même que le « paradox », arme avec laquelle on peut à volonté tirer à balle ou à plomb, devait être plus avantageux : c'est pourquoi je fis l'achat d'une caisse de munitions propres à ce fusil.

Désireux de me faire une belle collection d'oiseaux, je me mis à la recherche d'un empailleur qui fût du pays. Je pris également, à cette fin, un fusil à baguette (calibre 12) à un coup, dont je pusse varier la charge à mon gré, suivant la grosseur des oiseaux et la distance à laquelle j'aurais à les tirer, de manière à ne les point abîmer.

Enfin, le 29 février, notre petit corps expéditionnaire partit de Calcutta pour se rendre, par chemin de fer, à cent lieues environ dans le nord-ouest, à Purneah, qui devait être notre base d'opérations et de ravitaillement.

Deux jours auparavant nous avions expédié, non sans peine, nos plus lourds bagages, principalement composés de fusils, de cartouches, formant un poids énorme. Ayant voulu, à ce moment, m'assurer par moi-même que mes *impedimenta* étaient en route, je descendis, à une heure, devant Government-House, et trouvai encore, arrêtées à cette place, deux des huit charrettes à bœufs que nous avions commandées. Les bœufs de l'une,

refusant de marcher, s'étaient couchés ; les bagages de l'autre
avaient versé. Brandissant alors la canne que j'avais à la main,
j'en distribuai quelques bons coups aux deux animaux sacrés
ainsi qu'à leur conducteur, qui s'était mis à crier au sacrilège. Grâce à cette énergique façon d'opérer, et aux quelques
mots d'indoustani que je prononçai, les bœufs ne tardèrent pas à
se relever ; enfin, stimulés par quelques coups de pieds bien
appliqués, ils reprirent vers la station leur marche d'une lenteur
si désespérante. Me retournant alors vers la seconde charrette,
sur laquelle on avait commencé à replacer les bagages, je fis
hâter les coolies qui les chargeaient. Mais ces hommes sont
d'une faiblesse d'enfant. Il fallait quatre d'entre eux pour porter
une boîte de cartouches que je soulevai et posai sur la voiture,
tandis qu'ils me regardaient d'un air ahuri. Le rechargement
fut ainsi bientôt terminé, et la dernière charrette prit le chemin
de l'Haoura-Station.

Pour plus de sûreté je voulus suivre la route à pied. Bien m'en
prit. Je n'avais pas plutôt fait deux cents mètres que je trouvai
mes deux charrettes arrêtées devant une grange, et abandonnées
de leurs conducteurs. Dans la grange on entendait le bruit du
tam-tam et le chant des Indous. Le malheur avait voulu que ce
fût leur jour de grande fête. Les indigènes réunis en ce lieu,
assis en rond autour d'un grand bassin où bouillait une décoc-
tion de plantes colorant l'eau en rouge, se grisaient de parfums,
de musique et de liqueurs. Tout à coup ils se prosternent. Un
des brahmes se lève et, saisissant une sorte de cuiller à pot,
répand le liquide rouge sur les vêtements blancs des assistants.
Cette cérémonie achevée, chacun se relève et recommence à
chanter, persuadé que la substance qui tache ses habits et son

corps lui assure bonheur en ménage et nombreuse postérité. Quoique très intéressante, cette cérémonie ne faisait nullement avancer mes bagages. Alors, empoignant les conducteurs, l'un après l'autre, par la nuque et me servant de nouveau de mon bâton, je les contraignis à se remettre en marche. La chaleur était accablante et je commençais à me fatiguer. Heureusement, sur le grand pont de l'Ougli, je rencontrai Henri qui se dirigeait en voiture vers la station, avec quelques menus paquets restés en arrière. Je montai avec lui et nous arrivâmes à la gare, où la tête de colonne déchargeait les bagages. Toutes les salles étaient encombrées de caisses de cartouches, de boîtes à fusils, etc. Morès devait en faire l'expédition ; Henri et moi l'aidâmes du mieux que nous pûmes.

Mais que de difficultés pour faire peser et enregistrer pareille quantité de bagages ! Par bonheur, Morès sait se débrouiller : deux immenses fourgons sont bientôt remplis et les billets distribués aux domestiques qui doivent nous précéder au camp. Enfin le train s'ébranle, non sans nous faire vivement éprouver la satisfaction d'avoir expédié notre convoi sans perte ni accidents.

Les deux jours qui nous restaient furent consacrés au repos et à l'achèvement des préparatifs. Nous montions à cheval presque toute la journée, pour nous habituer au soleil et à la chaleur, devenue de plus en plus forte. Le 29 février nous trouva prêts à nous mettre en campagne. Le matin nous laissâmes nos instructions aux armuriers en vue d'un ravitaillement éventuel de cartouches, et à une heure nous parûmes tous, en costume de chasse, au déjeuner que nous donnait le vice-roi et qui fut, en raison de notre départ, beaucoup plus gai que d'habitude. Après le repas, lady Dufferin photographia le groupe des chasseurs, et nous montâmes en char à bancs afin de gagner la station.

La réunion était ainsi composée : mon cousin Henri et M. de Boissy, qui l'accompagnait dans son voyage autour du monde ; l'auteur de ce récit et le colonel de Parseval ; le marquis et la marquise de Morès ; puis le duc de Montrose, un très aimable compagnon, qui ne prit part à notre expédition que pendant les quinze premiers jours. Nous devions trouver à Purneah M. G. Williams et le docteur Forsyth, qui avait reçu l'ordre de nous accompagner. Ce dernier est un bon chasseur, un excellent tireur, et par-dessus tout, *a very good fellow*.

A la gare nous nous installons dans d'excellents *sleeping cars* n'ayant que deux compartiments par wagon et quatre lits en long par compartiment : deux lits banquettes et deux lits qui se relèvent à la hauteur de la partie supérieure des fenêtres ; ils sont très longs, suffisamment larges pour y dormir à l'aise. Les deux compartiments communiquent au moyen d'une porte à coulisse, qui permet de les réunir ou de les séparer à volonté, et ils sont pourvus, chacun, d'un cabinet de toilette. On retrouve sur toutes les grandes lignes ferrées de l'Inde cette installation confortable et pratique.

Henri, moi, le colonel et M. de Boissy devions occuper un compartiment, M. et Madame de Morès l'autre ; mais M. de Boissy dut nous quitter pour aller tenir compagnie au duc de Montrose, seul dans un autre wagon.

A quatre heures vingt, le train s'ébranla et nous partîmes de cet affreux Calcutta pour un pays où nous nous promettions d'accomplir des prouesses. Tout l'après-midi se passa en récits de chasse.

Laissons un instant le train voler vers Sahib-Gunj où nous devons prendre le bateau pour remonter le Gange et examinons la composition de notre arsenal de chasse.

PRINCE HENRI

1 fusil calibre 4 ;
2 — — 8, rayés, de Purdey ;
2 — — 12, lisses, de Purdey ;
1 — — 12, de Rodda ;
1 carabine 577, de Holland ;
1 — 450 —
2 revolvers à 6 coups ;

Environ 6 000 cartouches.

M. DE BOISSY

1 carabine 450, de Rodda ;
1 — 577, de Purdey ;
1 revolver ;
Environ 2 000 cartouches.

Il se sert d'un 8 et d'un 12 appartenant au prince Henri, mais avec ses propres cartouches.

DUC D'ORLÉANS

1 carabine 10, de Rodda :
1 — 12, de Raylay ;
1 — 577, de Holland ;
1 — 500, de Henry ;
1 — 460, de Colt ;
1 — 360, de Henry ;
2 fusils 16, de Guyot ;
2 — 28, de Berquier et Fauré Le Page ;
1 paradox 12, de Holland ;
1 fusil 12 (baguette), de Rodda (Fatham) ;
2 — 8, de Rodda et Holland ;
1 — 12, Winchester ;
1 — 12, à Léon ;
1 — 16, au même ;
3 revolvers de l'armée ;

Environ 8 000 cartouches.

COLONEL DE PARSEVAL

1 paradox 12, de Holland ;
1 carabine 500, de Rodda ;
1 revolver ;
Environ 2 000 cartouches.

MARQUIS ET MARQUISE DE MORÈS

5 carabines 45-90, Winchester (à répétition) ;
2 — 500 —
1 — 577, de Purdey ;
1 — 8 —
1 carabine 450, de Holland ;
2 fusils 12, de Holland ;
1 paradox 11 (ayant seulement servi une fois) ;
5 revolvers ;

Environ 9 000 cartouches.

DUC DE MONTROSE

1 carabine 577, de Holland ;	1 fusil 12, de Purdey ;
1 — 500, de Henry ;	1 revolver ;
1 fusil 10 (invention de l'armurier de son régiment) ;	Environ 2 000 cartouches.

M. G. WILLIAMS

1 carabine 577, de Holland ;	2 fusils 12, de Rodda ;
1 — 500, de Henry ;	1 revolver ;
	Environ 4 000 cartouches.

DOCTEUR FORSYTH[1]

1 carabine 577, de Manton ;	1 fusil 12 ;
1 — 450 (non signée. de Londres) ;	Environ 4 000 cartouches.

Nous emportons ainsi soixante et un fusils de différents calibres, quatorze revolvers (généralement à six coups), et trente-sept mille cartouches.

On ne doit donc pas s'étonner du nombre considérable de voitures, de bœufs, de coolies affectés au camp.

Revenons maintenant à notre joyeuse expédition que nous avons laissée au moment où, emportés par le rapide, ses membres se racontent les uns aux autres des histoires de chasse qu'ils sont les premiers à ne pas toujours croire...

Vers huit heures, le train s'arrête à la station de Mokamey, ancienne ville occupée par les Français aux premiers temps de la conquête des Indes. Nous y dînons. Au dessert, la coupe en main, nous célébrons le début de l'expédition en buvant à nos exploits futurs. Nous rentrons ensuite allègrement dans nos

---

1. Le duc de Montrose, à son départ, remit au docteur Forsyth son fusil calibre 10.

compartiments respectifs et après quelques parties de cartes, nous nous couchons à dix heures, pour nous préparer aux fatigues d'une première journée.

Je me rappelle que, dans mon premier sommeil, défilaient à l'envi et tombaient sous mes coups, des tigres, des léopards, des buffalos, des bisons, lorsque je fus tiré de mes rêves d'or par des animaux qui ne figuraient pas au programme de la chasse. D'abord une sorte de frémissement léger qui, peu à peu, se fait aigu à mes oreilles, puis, à demi éveillé, je ressens des piqûres au bout du nez, sur les joues et je m'éveille au sein d'une nuée de moustiques.

Hélas ! nous n'avions pas compté sur ces visiteurs importuns et tenaces. Il était une heure du matin et l'arrêt du train sur une voie de garage nous faisait savoir que nous étions au bord du Gange, d'où les moustiques se lèvent comme une brume, le soir, après une journée de chaleur humide. Cependant, en recouvrant de draps et de linges toutes les parties de mon corps susceptibles d'être exposées aux piqûres de nos désagréables commensaux, je parvins à me rendormir.

Mais, à cinq heures et demie, un véritable branle-bas se produit dans la station : on s'étire en bâillant, on s'appelle. L'aurore vient de poindre. Il fait assez clair pour distinguer près de nous une immense nappe d'eau. C'est le Gange. Amarré à la rive, un petit vapeur attend la pleine lumière du jour pour nous faire remonter le fleuve jusqu'à la station d'où nous gagnerons Purneah en chemin de fer.

Je m'habillai à la hâte et descendis inspecter le bateau. Je me munis de mon 10 rayé, avec lequel je comptais sinon tuer, du moins tirer des crocodiles. Vers six heures et demie, le bateau partit.

Pendant environ un mille nous descendons un bras du Gange. Le fleuve est large, mais peu profond ; partout des bancs de sable à fleur d'eau. Sur la rive droite il est bordé par de hautes collines assez boisées, tandis que sur la rive gauche s'étend une immense plaine de sable et d'alluvions qui va augmentant tous les jours. Nous pénétrons bientôt dans un plus grand bras du fleuve ; changeant alors notre direction, nous le remontons. A partir de ce moment plusieurs marsouins d'eau douce, au long museau pointu et au souffle puissant, se montrent par instants autour du bateau. Je leur envoie en vain des balles de 10 et de 577 ; ils n'ont pas l'air de s'en apercevoir. Peut-être aussi mes projectiles ont-ils porté à côté.

Nous arrivons à un endroit où le Gange s'élargit ; là se trouve toute une flottille de bâtiments de pêche. Rien de plus intéressant que ces bateaux en bambous reliés les uns aux autres, et couverts de tentes de feuilles de bananiers cousues. Ils présentent la forme des anciens navires européens du xviiie siècle : très élevés à l'arrière et à l'avant, leur centre est presque au niveau de l'eau. Les mâts (un ou deux, suivant le tonnage de l'embarcation) sont chargés de voiles informes composées de morceaux de toile brune de différentes nuances qui, éclairées par les rayons du soleil levant, au milieu de ces déserts de sable et sans cesse entourés de nombreux vols de grandes cigognes et de casarkas, donnent à ces bateaux un aspect aussi curieux que pittoresque.

Plus loin, à l'endroit où les bancs de sable deviennent assez plats, on commence à voir émerger les formes allongées des crocodiles se chauffant au soleil, étendus sur le sable, semblables à des troncs d'arbres.

Nous passons à deux cents mètres environ de l'un deux. Je le visai tranquillement : à la troisième balle il fut touché, mais il tomba à l'eau. Je continuai à en canarder pendant quelque temps, puis, voyant l'inutilité d'un pareil exercice, je rejoignis notre société. Je finis par tuer une hirondelle de mer en me servant du canon de fusil calibre 8 qui s'adapte sur la crosse du 10 rayé.

Mon cousin Henri, posté à l'avant, tenait d'une main un fusil de 4, long de deux mètres, et de l'autre un appareil photographique. Tantôt il tirait des oies avec son 4, ce qui, généralement, lui faisait perdre l'équilibre, tantôt il « tirait » ses compagnons avec son appareil : même résultat final, car personne n'est tué.

Pendant ce temps, le duc de Montrose cause avec la marquise ; le colonel et M. de Boissy en font autant de leur côté.

Vers huit heures et demie nous arrivons à une station de chemin de fer où nous prenons le train pour Purneah.

En remontant en wagon, je suis témoin d'un spectacle assez curieux.

Un palanquin, voilé d'une ample étoffe pourpre, débarque d'un bateau. Il est porté par quatre *pulky bearers* et suivi par deux femmes et trois eunuques. Arrivé en face d'un wagon dont les rideaux sont fermés, le palanquin est posé à terre ; les femmes montent dans le compartiment ; les eunuques, soulevant le voile de pourpre, recouvrent le palanquin et la porte du wagon. Une forme s'agite sous la tenture qui bientôt retombe, dès que la porte du compartiment est fermée et gardée par les eunuques. J'apprends que c'est la femme du maharadjah Durbungah, qui rentre au palais de son époux. Celle-ci n'est pas une de ses principales femmes : aux Indes tout chef d'un État de quelque importance en a plusieurs.

Nous montons en wagon et en route pour Purneah.

La route n'est pas belle, mais tout nous eût paru charmant ce jour-là, tant nous étions contents de nous rapprocher des tigres. Nous traversons de petites rivières où dorment de gros crocodiles, la gueule ouverte. Sur leurs rives se plantent ou se promènent, avec la gravité de vieux académiciens, de grands marabouts au cou et à la tête pelés. Dans les bouquets d'arbres gambadent des bandes de singes aux longues queues blanches et à la face noire. Ils se pendent par la queue aux branches, d'où ils retombent, sur leurs pieds, d'une hauteur prodigieuse, pendant que d'autres, à la queue courte et d'un brun foncé, grimpent aux cocotiers et en abattent les noix que leurs congénères épluchent et dévorent avidement.

C'est en jouissant de ce spectacle que nous arrivons à la station de Purneah, à dix heures et demie. Un homme grand, fort, à l'air accueillant et franc, vient nous ouvrir la portière. C'est G. Williams. Il fait promptement mettre en ordre les bagages qui nous suivent; ceux-ci sont bientôt chargés sur des éléphants. Rien de plus curieux que ces intelligents animaux. Sur un mot, sur un signe de leur *mahawats*, ils s'approchent, se mettent à genoux, s'aplatissent sur le ventre, de manière à être plus aisément chargés. Mais nous n'avons pas le temps de les regarder longuement. Il faut monter en voiture et partir. Je congédie Karl, mon valet de chambre, que j'envoie se remettre à Darjeeling, où il respirera l'air frais des montagnes.

Nous montons en voiture, et, conduits par Williams, nous nous rendons à sa demeure en suivant une belle allée bordée de chaque côté par de gigantesques mangliers couverts de fleurs. Nous passons une rivière et pénétrons sous la véranda d'un superbe *bungalow* orné de têtes et de cornes de buffalos.

L'air qu'on y respire est parfumé de la senteur de mille fleurs qui le rafraîchissent en l'embaumant. Après la chaleur torride de Calcutta, l'air vif des bois repose et délasse. Des oiseaux, de toutes espèces et de toutes couleurs, volent d'arbre en arbre. Nous nous sentons déjà dans un tout autre pays, et c'est de bon appétit que nous faisons honneur à l'excellent déjeuner offert par Williams dans une salle à manger fraîche et ornée de roses.

Après déjeuner nous nous débarrassons des paquets susceptibles de charger inutilement la voiture et nous les faisons mettre sur des éléphants que montent l'empailleur et quelques Indous retardataires. Vers onze heures et demie, nous partons.

La première voiture, un grand break, est conduite par Williams; le duc de Montrose est sur le siège : à l'intérieur, mon cousin, le colonel de Parseval, M. de Boissy et moi. La seconde voiture, espèce de tonga à deux roues, couverte d'une bâche et traînée par deux petits poneys du pays, est conduite par le collecteur de Purneah. Le marquis et la marquise de Morès y sont assis dos à dos. C'est dans cet équipage que nous nous rendons à la frontière népaulaise, distante de soixante-douze milles, au dire de Williams. Nous devons faire soixante-huit milles en voiture et quatre milles à dos d'éléphant.

Nous allons presque tout le temps au galop sur la grande route de Nawabgunj, si on peut appeler grande route deux larges ornières au milieu d'une pelouse de gazon, bordées de chaque côté par de petits fossés. A chaque relai nous prenons notre tour sur le siège, position que j'estime la plus agréable de toutes parce qu'on y peut étendre ses jambes et qu'on n'est point serré comme à l'intérieur du véhicule.

Le pays que nous traversons est plat comme la main et peu

cultivé. La terre, brûlée par le soleil ardent, n'est recouverte que d'un rare gazon, déjà jauni par la chaleur. De loin en loin apparaît un bouquet de mangliers ou de bambous, entourant et couvrant de son ombre quelques huttes misérables. Près de chaque bouquet d'arbres, une grande excavation de forme carrée est remplie d'une eau bourbeuse, déposée là par les pluies de l'année précédente. Dans cette eau les marabouts au long bec pêchent et croquent de petits poissons aux couleurs étranges, tandis que des buffalos, au corps tout souillé de boue, sont couchés dans l'eau, ne laissant dépasser que leur grosse tête bête qui regarde d'un air béat. C'est dans cette eau que les indigènes habitant les cabanes de bambou recouvertes de feuilles de bananier, viennent pêcher les poissons, base de leur nourriture, et puiser l'eau constituant leur unique boisson. Il n'est pas étonnant qu'un tel régime leur donne le choléra, la fièvre et la dysenterie. Près de ces flaques d'eau stagnante, un bataillon de vautours au cou pelé et sale fait sécher au soleil ses ailes encore souillées du festin que leur offre la dépouille d'une vache gisant tout auprès, pendant que les chacals et les corbeaux s'en partagent les restes. Le spectacle auquel nous venons d'assister nous a montré la plus noire misère associée à la malpropreté la plus invétérée.

Après trois relais, d'environ huit milles chacun, nous atteignons un assez gros village appelé Camelpoor. Nous y lunchons dans le petit bungalow de bambous affecté au service du collecteur. Celui-ci nous quitte là; sa voiture est remplacée par un dogcart conduit par M. de Morès et dans lequel la marquise prend place.

Nous reprenons notre course un instant interrompue par le luncheon, à l'issue duquel j'avais tué deux tourterelles mouchetées de bleu et de blanc.

La route devient un peu moins monotone; de temps en temps
nous traversons à gué de petites rivières coulant sur un fond
sablonneux couvert de cailloux luisants. En passant le lit, maintenant à sec, de l'une de ces rivières, les traits du cheval de
M. de Morès se rompent et la voiture se renverse en arrière sur
une pente assez raide, mais elle est arrêtée dans sa culbute par
le marchepied de derrière, qui se fiche en terre. Le marquis et
la marquise sont debout dans la voiture, se retenant aux bran-
cards dressés en l'air. Pendant ce temps le cheval va brouter
l'herbe, à quelques pas plus loin. Nous nous précipitons au secours
des voyageurs en détresse et rattelons leur cheval. Mais la marquise, un peu effrayée, échange sa place contre celle de mon
cousin et nous repartons.

Hélas! nous n'étions pas encore au bout de nos peines! La
nuit commence à tomber; elle vient rapidement et nous voyons
à peine à quinze pas devant nous. Par surcroît, les chevaux
du nouveau relai refusent de partir et se couchent. Toutefois
rien ne peut résister à la vigoureuse poigne de Williams; bientôt ils prennent le galop. Tout à coup nous nous trouvons au
bord d'une rivière assez large mais peu profonde. Les chevaux
y entrent facilement : arrivés au milieu, ils se couchent de nouveau, et, derechef, refusent d'avancer. La nuit était déjà très
noire. Williams, Morès et moi, qui avions des bottes, descendons.
Mais les chevaux persistent dans leur entêtement. Nous les déte-
lons et portons à terre nos compagnons de route, puis, attachant
une forte chaîne à la voiture, nous nous mettons tous à tirer et parvenons, avec beaucoup de peine, à la remonter de l'autre côté de
ce maudit cours d'eau. Pendant que nous nous livrions à cette
besogne, un autre accident avait failli arriver. Mon cousin Henri,

resté seul dans le dogcart, avait voulu venir se rendre compte de ce qui se passait, mais, en tournant, il avait versé dans un trou très profond où la roue droite demeurait engagée. Williams avait vu le danger, et, d'un tour de main, il sortit le dogcart et le cheval de ce mauvais pas. En attendant, notre voiture était toujours en panne : j'allumai un feu d'herbes sèches, afin de nous éclairer quelque peu. Soudain, un bruit strident se fit entendre à quelques centaines de mètres en avant de nous. On eût dit d'une espèce de trompette dont aucun de nous, Williams excepté, ne connaissait l'origine. C'était le cri d'un des éléphants qui venaient à notre rencontre. Nous étions sauvés !

Ne nous ayant pas trouvés au village de Nawabgunj, où nous devions les prendre, et voyant tomber la nuit, les conducteurs d'éléphants étaient venus à notre rencontre. Apercevant le feu d'herbes sèches, ils en avaient tiré la déduction de la possibilité d'un accident ; ils s'étaient heureusement hâtés de se porter dans cette direction. Il est certain que, sans l'intelligence de l'homme chargé du convoi, nous eussions été contraints de coucher dans la plaine. Dès lors, bien qu'assurés d'arriver au camp, nous en étions encore très éloignés.

Les éléphants, au nombre de quatre, se rangent en ligne devant nous ; deux d'entre eux ont de belles défenses. Sur un signe du cornac, ils nous offrent leur dos. Cette escalade est charmante quand on y est habitué. Je ne connais pas de plus agréable sensation que celle que l'on éprouve lorsque le pachyderme, se levant sur les pieds de devant, vous balance délicieusement jusqu'à ce qu'il ait repris son équilibre sur ses jambes de derrière. Mais la première fois, c'est une autre affaire.

Le couple Morès monte un petit éléphant sur lequel on a placé un *thejamas*, ressemblant beaucoup à la selle en usage au Jardin d'acclimatation. Les autres montures sont simplement pourvues de *padds*, épais matelas de roseaux et d'herbes sèches garnis de couvertures fixées sur le dos de l'animal. Deux cordes longitudinales servent de poignées, tant pour monter que pour se maintenir une fois installé. Mon cousin et moi occupons un padd, Boissy et le colonel un autre; enfin Williams et le duc de Montrose un troisième. Mon chien « Tom » s'installe. J'occupe le côté gauche du padd, près des oreilles de l'éléphant, et Henri le côté droit, plus près de la queue. Nous nous retenons de toutes nos forces aux cordes qui nous ont été si utiles dans cette difficile ascension, et quand l'ordre de se lever est donné à nos montures, nous nous cramponnons avec l'énergie du désespoir. Pour se lever, l'éléphant dresse d'abord ses pieds de devant, ce qui place son dos et ceux qui le montent dans une position verticale; puis, après avoir tâtonné quelque temps, il relève brusquement le train de derrière, ce qui vous déplace fortement et vous projette sur les oreilles de votre monture. A l'ordre donné aux éléphants d'avoir à se lever répondent des cris de terreur de plusieurs personnes, surprises d'éprouver un si brusque mouvement, et l'on se met en route.

Les premières foulées des éléphants secouent fortement, et des gémissements se font entendre tout du long de la colonne, dont mon cousin et moi occupons la tête. Quand on n'y est pas habitué, rien n'est aussi fatigant que le pas allongé du lourd pachyderme. On est ballotté d'un côté à l'autre de son padd, et si l'on ne se retenait pas aux cordes on serait inévitablement projeté au dehors. Je parle naturellement des débutants. Au bout de quelque temps on s'accoutume à ce genre de locomotion. On arrive même à l'aimer beaucoup. Nous marchons donc toujours à la file indienne, et les quatre milles annoncés par Williams commencent à nous sembler longs quand nous arrivons au village de Dewabgunj. A notre grand étonnement nous trouvons là tous nos bagages, installés sous un immense baobab. Nous sommes naturellement amenés à supposer que le camp est à quelques pas et nous reprenons courage. Jusqu'alors nous avions marché sur une route frayée et plate, mais maintenant il faut se lancer à travers champs. Les difficultés se trouvent considérablement augmentées, car, à chaque instant, on rencontre une rivière desséchée à franchir. En passant le lit d'une d'elles, je manque de sauter par-dessus les oreilles de mon éléphant; en remontant la rive opposée, c'est mon cousin qui glisse jusque sur la queue de l'animal.

Il se fait très tard et nous avons une faim canine; les quatre milles de Williams s'allongent à vue d'œil. Une halte, avant de traverser un cours d'eau, nous réunit et nous échangeons nos impressions. Pour tous, pendant la première heure, la promenade était pittoresque; à l'heure actuelle, nous sommes tous fatigués. Le colonel et Boissy prétendent que leur padd tourne et qu'ils vont tomber. M. et Madame de Morès se plaignent que leur *théjamas* est trop étroit et leur éléphant trop remuant. Mais Williams n'écoute personne et les éléphants ayant bien bu nous repartons. De petites haies qui coupent le terrain rendent le chemin assez difficile. Nos montures ne s'inquiètent pas plus des haies que des fossés; elles passent à travers les unes et par-dessus les autres avec la même facilité que nous mettrions à marcher dans l'herbe ou à franchir une rigole.

Tout à coup, dans le lointain, en sortant d'un bois où les vampires et les oiseaux de nuit nous avaient absolument entourés, nous apercevons quelques lumières. Peu d'instants après, le son connu de la trompe de chasse arrive à nos oreilles. C'est le camp! Mon piqueur Léon nous sonne des appels désespérés. Encore quelques haies à traverser et nous arrivons dans un espace découvert tout éclairé par la lumière des tentes. Ce spectacle — et surtout la bonne odeur du dîner qui se répand au loin — nous réjouit. Le repas sera bientôt servi. Jusque-là, chacun de nous va donner un coup d'œil à sa tente.

Le camp est formé de quatorze tentes, dont dix grandes et quatre petites. Au nord, se trouve la grande tente à manger, de forme carrée, mesurant environ vingt-quatre pieds de côté. Les autres, alignées sur celle-ci, forment une allée large de quarante pieds, descendant droit au sud. La première tente de la ligne ouest, la plus grande après la tente à manger, a vingt et un pieds de côté; elle est entourée d'une seconde cloison formant un corridor tout autour de la salle de bain et offrant l'espace nécessaire pour ranger toutes nos affaires, fusils et cartouches; cette tente contient deux vastes lits de sangle et une grande table appuyée contre le poteau central : elle est destinée à mon cousin et à moi.

Sur la même ligne se trouvent quatre autres tentes, de plus petites dimensions, n'ayant pas de corridor autour, mais pourvues de chaque côté de vérandas sous lesquelles on peut placer le surplus des bagages et faire coucher les indigènes.

La tente voisine de la nôtre est occupée par G. Williams. Le trésor du camp, c'est-à-dire ce que chacun de nous a déposé d'argent, pour plus de sûreté, s'y trouve réuni. Williams a, en outre, près de lui, tout un attirail de menuisier et de charpentier qui nous fut très utile au cours de l'expédition et qui lui permit, avec sa grande habileté, de réparer les fusils détériorés et les *aowdahs* plus ou moins rompus.

Le colonel occupe la tente suivante. Le fidèle Elaï, son serviteur indou, la garde, tout en fumant de l'opium dès que le colonel a le dos tourné. Il refuse de boire le thé qu'on nous sert, parce que, dit-il, « il n'est pas assez bon pour lui ».

La tente du docteur Forsyth (qui n'est pas encore arrivé) fait suite à celle du colonel. Ses bagages l'ont précédé ; ils sont déjà en place ; on y remarque de nombreux paniers ornés d'un écusson à fond blanc sur lesquels se détache une croix rouge. C'est la pharmacie du camp. Grâce aux bienfaisants remèdes qu'elle nous offre et aux bons soins du docteur, nous pourrons séjourner six semaines dans la contrée la plus malsaine des Indes sans avoir à souffrir de la moindre maladie.

La dernière tente à l'aile occidentale est affectée au valet de chambre de mon cousin et au mien. Là sont empilés tous les menus bagages que nous n'avons pas voulu loger dans notre tente et dont on a pourtant besoin journellement. Ce ne sont qu'appareils photographiques et boîtes à fusil.

Sur le côté de l'Orient se trouve en tête la tente de M. et Madame de Morès. Du modèle *Swiss Cottage*, de dix pieds carrés, elle est fixée sur deux poteaux, un à chaque bout, pourvue d'une grande véranda en avant et d'une salle de bains en arrière, elle a de plus deux basses vérandas de chaque côté sous lesquelles s'entassent leurs nombreuses caisses à cartouches. Les deux autres grandes tentes, de ce même côté, sont occupées par le duc Montrose et M. de Boissy. La dernière sert de dortoir aux serviteurs indigènes et à l'empailleur. L'administrateur du camp a sa tente derrière la salle à manger. Elle est affectée au dépôt des provisions de bouche.

Les charrettes, au nombre de cent soixante, sont rangées en demi-cercle du côté est, tandis que l'ouest est protégé par la rivière Coosy, que nous ne tarderons pas à remonter.

A dîner nous célébrons notre premier repas au camp en portant un toast à Williams et à la société. Mon cousin et moi nous présidons la table. L'administrateur nous annonce que les bagages que nous avons vus à Nawabgunj sont arrivés avec un jour de retard, à cause du poids excessif des caisses de cartouches, mais qu'avant notre réveil tout sera rangé en bon ordre dans nos tentes respectives.

Quand nous nous levons de table, il est une heure et demie du matin. Il est vrai que nous ne sommes arrivés qu'à minuit au campement. Cette heure tardive avait causé une grande inquiétude à nos serviteurs qui s'attendaient à nous voir avant la tombée de la nuit. De là les appels de trompe.

Cette nuit-là tout le monde dormit bien. On n'entendit même pas les chacals qui vinrent, avec leurs cris tantôt rieurs, tantôt pleureurs, dévorer les restes du dîner jusque dans la salle à manger.

Le lendemain, chacun fit la grasse matinée.

AU CAMP

AU CAMP

Le 2 mars, vers huit heures du matin, on vit pourtant des tentes s'entr'ouvrir et des têtes se montrer. Bientôt tout le monde fut en mouvement. Ceux-ci cherchaient leurs fusils et leurs cartouches, arrivés tardivement dans la nuit, et placés à la diable sous les vérandas ; ceux-là s'enquéraient de leur attirail photographique. Ma curiosité fut bientôt attirée par la vue des éléphants rangés au sud de notre camp. Ces grands animaux qui semblent si parfaitement immobiles à distance, sont curieux à observer de près. Ils se balancent d'une jambe sur l'autre et ne restent jamais absolument en repos. Leurs grandes oreilles vont et viennent sans cesse, et leur trompe ramasse toujours quelque chose, soit pour manger, soit pour chasser les mouches. Les uns ont de belles et grandes défenses entourées d'un ou de plusieurs anneaux de cuivre ; d'autres ont des défenses minuscules : les femelles n'en ont pas. En ce moment Williams s'occupe à assigner à chacun d'eux la personne qu'il devra porter. Le mien est un des plus grands et le plus fort de la bande, quoique n'ayant pas de défenses.

Ces éléphants ont été prêtés pour toute ou partie de la chasse. Les deux plus beaux, à défenses, appartiennent au maharadjah Durbunga. Les autres sont la propriété de MM. Shillingford, les grands chasseurs de Purneah; quelques-uns, cependant, ont été acquis par Williams.

Celui-ci veut nous faire faire connaissance avec les éléphants et le pays avant de nous aventurer dans la jungle contre les tigres. Presque tout le monde est très fatigué, aussi Williams n'est-il suivi que par mon cousin, le duc de Montrose et moi; nous sommes chacun sur un *padd*, avec une carabine de rechange derrière nous. Les premiers moments nous étonnent encore et nous nous retenons quelque peu aux cordes, mais bientôt nous nous y faisons et nous tirons sans être aucunement gênés par les mouvements de notre monture. Nous traversons d'abord la Coosy, près de notre camp et nous nous dirigeons vers la Grande Coosy, au sud-ouest. Après quelques coups de fusil, du reste sans résultat, sur des chacals et autres animaux de rencontre, nous arrivons à la rivière Grande Coosy. Grande, elle a dû l'être, mais, en ce moment, elle n'a plus d'eau, si l'on excepte quelques petits filets et des flaques stagnantes. Un immense désert de sable montre son ancien lit. Le long des filets d'eau nous voyons de véritables rangées de gros crocodiles aux museaux pointus qui se chauffent au soleil, et sur les flaques d'eau des vols de cigognes et de canards casarkas.

Nous nous approchons des crocodiles : ils nous laissent arriver jusqu'à une centaine de mètres, mais alors ils glissent sous l'eau. Plus loin nous sommes mieux favorisés. Arrivés à environ cinquante mètres, nous leur envoyons une décharge de six coups de 577. Deux d'entre eux semblent sérieusement blessés, car ils reparaissent bientôt et reviennent à terre. Nous en retournons un d'une balle dans la tête. Pendant que nous nous disposions à l'aller chercher, il coula à l'eau et disparut subitement. Ce fut en vain que nous en tuâmes deux ou trois; chacun d'eux, après être resté quelques instants sans mouvement sur le sable, donnait un coup de rein et coulait à pic. L'eau, quoique assez rare, est très profonde dans les endroits où se tiennent les crocodiles ; pour les retrouver il n'y avait d'autre chance que de les attendre deux jours durant : le jeu n'en vaut pas la chandelle.

Nous parcourons une sorte de presqu'île couverte d'une jungle d'herbe assez courte. Bientôt nous y levons un mâle de florican. Cet oiseau ressemble absolument au coq de bruyère ; même plumage et presque même vol ; nous aurons occasion de le décrire.

Ce jour-là, cependant, nous ne fûmes pas assez heureux pour en tuer, soit que le mouvement de l'éléphant gênât encore notre tir, soit que l'oiseau se levât trop loin; en revenant au camp, mon cousin et moi tuons un canard casarkas et une canepetière.

Pour passer le temps jusqu'au dîner, je prends un express 360 (de Henry) et me mets à tirer les milans et les vautours qui planent continuellement sur notre camp, alléchés par l'odeur de la cuisine. J'arrive bientôt à les descendre à volonté. Malheureusement, en courant pour ramasser un milan blessé, je laisse tomber ma carabine, elle se brise à la poignée, en arrière du chien. Mais Williams est là et son habileté est mise à l'épreuve. Bientôt ma carabine est aussi droite et aussi solide qu'auparavant, deux bandes de cuivre ayant été fixées des deux côtés de la cassure.

Pendant ce temps un indigène était amené devant Williams; cet Indou avait demandé à l'entretenir en particulier. Le nouvel arrivant a la face jaune, le nez épaté, la taille petite. Il est armé d'un énorme *coukri* passé dans la ceinture. Nous reconnaissons en lui un Népaulais. Williams lui accorde l'audience demandée, et, après une assez longue conversation, mon cousin Henri et moi présents, ce Népaulais nous apprend qu'il est *detto* (sorte de petit seigneur) et surtout grand *chicari*. Il promet de nous faire voir des tigres et des rhinocéros. Pour bien marquer que sa protection nous est assurée, il nous donne, à mon cousin et à moi, son gigantesque coukri, ce qui lui attire, de notre part, force remerciements à lui transmis par l'intermédiaire de Williams. Celui-ci, qui connaît bien ses Népaulais, se demande à quelle fin ce « seigneur » est venu ainsi à nous sans escorte et sans ordres de Katmandoo, car nous attendons de cette ville trente-cinq éléphants et plusieurs *chicaris*. Chose curieuse, le *detto* n'avait parlé ni d'ordres de Katmandoo ni d'éléphants. Ceci nous parut louche.

Comme nous étions sur le territoire anglais, nous résolûmes de pousser le lendemain une pointe jusqu'au Népaul, pour voir ce qu'il en adviendrait. Les Népaulais, très jaloux de leur autonomie et de leur frontière, ne nous laisseraient naturellement pénétrer que dans le cas où ils auraient reçu des ordres de leur gouvernement.

Ce plan adopté, il fut décidé que, le lendemain, tout le monde serait debout à six heures et demie; le déjeuner aurait lieu immédiatement et on partirait aussitôt après. Mais la soirée n'était pas terminée. Mon cousin, le duc de Montrose, Williams et moi, fumions tranquillement notre pipe dans la salle à manger,

en jouant aux cartes, quand les chacals, dont une bande assié-
geait littéralement le camp, firent irruption dans la tente pour se
jeter sur les restes du dîner. Mon cousin et moi courûmes
chercher nos fusils. Tout en entendant les chacals grogner et
croquer des os, nous ne pûmes les voir assez distinctement
pour tirer. Du reste la nuit était tellement obscure que nous
craignions de blesser quelqu'un en faisant feu : il fallut aller se
coucher.

Toute la nuit les chacals continuèrent leur sabbat infernal,
surtout autour de ma tente. Je pense que c'est l'odeur de mon
chien qui les attire. Mais rien ne peut troubler le sommeil du
chasseur dans la jungle si ce n'est le rugissement du tigre. Aussi,
malgré les cris des chacals et les appels de deux loups qui se
disputent, le camp tout entier dort du sommeil du juste.

A six heures et un quart, Pritchard vient secouer les dormeurs
et leur annoncer que le déjeuner est prêt, mon cousin et moi
allons choisir nos *aowdahs*. C'est un choix qui demande plus de
soin qu'on ne le suppose. Souvent la sécurité de l'existence
dépend d'un aowdah bien conditionné ; en tout cas l'agrément et le
confortable y trouvent toujours leur compte. Un aowdah doit être
aussi léger que possible, de manière à ne pas charger l'éléphant,
et à lui laisser la liberté de ses mouvements. Il doit aussi
n'être pas trop solidement construit, et je ne dois peut-être le
plaisir d'écrire ce modeste récit qu'au peu de solidité du mien.
Quant à l'arrangement intérieur, il varie suivant les goûts.
J'aime à y trouver de la place pour six armes à feu (trois carabines à gauche et deux ou trois fusils à droite). En général quatre
fusils suffisent amplement ; toutefois, dans plusieurs occasions,
je me suis très bien trouvé d'en avoir six. En outre, derrière le

siège, il faut ménager un espace suffisant pour qu'un homme puisse s'asseoir au besoin. En règle générale, deux hommes dans un aowdah le chargent trop et rendent les mouvements lents et désagréables par leur irrégularité. A l'arrière un vaste coffre est très utile pour disposer les divers objets dont on a toujours besoin au cours d'une longue journée de chasse sous le soleil de l'Inde. Un grand sac est également très commode. Dans ce coffre on peut placer les oiseaux ou les animaux que l'on désire conserver comme spécimens. Mais, dans l'aowdah, rien n'est plus utile qu'une quantité de larges poches de toile cousues sur le devant. Êtes-vous fumeur? c'est là que vous mettrez pipe, tabac, cigares et allumettes. Aimez-vous la lecture? vous y enfoncerez les romans qui vous feront passer agréablement les longues heures de marche à la file indienne, en indoustani : *ec dendi*. Là aussi vous mettrez la calotte légère qui, à la tombée de la nuit, vous soulagera considérablement du lourd *sola topie*, large chapeau de sureau couvrant toute la nuque, que vous aurez porté pendant huit ou dix heures sous un soleil ardent. Là encore vous placerez les cartouches de différents calibres que vous aurez ainsi constamment à portée de la main. Un autre détail, pourtant de la plus haute importance pour le tir, n'est pas assez souvent observé. Assurez-vous toujours que votre aowdah permet à vos pieds de se mouvoir librement quand vous êtes debout, les jambes écartées et les pieds placés dans les ouvertures pratiquées dans les parois de l'aowdah. Si ces ouvertures n'existaient pas ou si elles étaient trop étroites, faites les faire ou agrandir, car de leur bon établissement dépend la justesse de votre tir. Le défaut de ces ouvertures vous obligerait à placer vos pieds sur le *padd* même; or rien n'est plus glissant qu'un padd chauffé et desséché par le soleil; au moindre mouvement, vous perdez votre équilibre et souvent vous compromettez ainsi votre chance d'un beau coup de fusil. Ces deux ouvertures permettent au chasseur de se caler et d'être parfaitement d'aplomb, condition essentielle pour bien tirer. Ces détails ont peut-être paru fastidieux, mais on ne saurait attacher trop d'importance à des riens d'où peut souvent dépendre la vie d'un chasseur.

Mon cousin et moi avions choisi le même aowdah. Nous le tirâmes au sort et je gagnai. Cet aowdah m'avait paru offrir le plus de garanties et en même temps la plus grande somme de commodités. Les ouvertures latérales manquaient, mais deux coups de botte avaient bientôt remédié à cet inconvénient. Mon aowdah pouvait loger six fusils, précieux avantage, quoique j'aie habituellement chassé avec quatre. Cette maison aérienne est formée de deux cadres de bois en forme de parallélogrammes, placés à environ un mètre l'un de l'autre et fixés ensemble, au moyen de traverses de bois, une à chaque coin et une au centre de chaque face. L'espace séparant ces traverses est rempli par un tissu cannelé de bambous ou de jonc. Le tout mesure à peu près deux mètres de long sur quatre-vingts centimètres de large. Au devant de l'aowdah, à la distance d'environ quatre-vingt-dix centimètres, se trouve le siège, composé d'un coussin et d'un dossier en cuir, placés sur une planche, manœuvré par une courroie permettant de l'avancer, de le reculer ou même de le supprimer au besoin. Des deux côtés du coussin sont des encoches retenant les crosses des fusils dont les canons sont placés dans d'autres encoches plus petites pratiquées dans la garniture frontale de l'édifice aérien, formant ainsi un râtelier d'armes horizontal. La cage de l'aowdah est fixée sur deux patins longitudinaux, placés des deux côtés de l'épine dorsale de l'éléphant, sur un épais *padding*, et maintenus par de fortes cordes qui passent et repassent sous son ventre. Avant de se mettre en campagne pour une journée pendant laquelle on n'aura peut-être pas le temps de le déplacer, il faut toujours s'assurer que l'aowdah est bien d'aplomb, qu'il ne penche ni d'un côté ni de l'autre et que les cordes sont bien serrées. Il n'est pas de plus grand supplice qu'un aowdah qui tourne ; on est alors tellement secoué qu'une fois une de mes gourdes en verre recouverte de cuir s'est brisée dans une des poches de mon aowdah. Allez donc tirer dans une pareille situation ! Tout ce que l'on peut faire, c'est de se maintenir de toutes ses forces sur le côté qui ne penche pas, et d'éviter ainsi une bascule complète.

L'aowdah choisi est mis sur le dos de l'éléphant pendant que nous déjeunons substantiellement, pour nous permettre de fournir une longue journée de chasse. Les éléphants sellés, nous préparons l'attirail qui doit être rangé avec soin dans l'aowdah. Et d'abord les fusils. Le plus commode est de les avoir à sa main droite et les carabines à sa main gauche ; puis vient la boîte à cartouches : elle doit être vaste et présenter plusieurs compartiments pour les cartouches de divers calibres. En la bouclant derrière le siège elle est tout à fait à portée. Une épaisse couverture est très utile pour servir de coussin en temps ordinaire, mais surtout pour se défendre des attaques des abeilles ou des guêpes ou encore pour se préserver d'une tourmente de sable. Une large gourde recouverte de feutre imbibé d'eau et remplie de thé froid est indispensable dans les moments de grande chaleur. Une ombrelle noire recouverte de toile blanche protège bien la tête et la nuque contre les ardeurs du soleil pendant la marche *ec dendi*, alors qu'on ne chasse pas. Outre ces différents objets de première nécessité dont chacun était pourvu, j'étais toujours muni de deux *coukris* : l'un très large et très fort, attaché au-devant de mon aowdah à portée immédiate de ma main droite; je remettais l'autre, plus faible, au mahawat qui s'en servait constamment, n'utilisant le mien que pour couper de grosses branches obstruant le chemin ou celles auxquelles le mahawat ne pouvait atteindre. Dans les poches de devant se trouvaient une pipe, du tabac, des allumettes, un ou deux livres, des oranges, une boîte à cigares, une boîte à sandwiches, une casquette pour le retour, un petit couteau, des cartouches, des sacs à plomb, des bourres et la poire à poudre pour mon fusil à baguette qui me fut si utile à me procurer, sans les abîmer, des spécimens d'oiseaux.

Ainsi équipés, nous partons le cœur léger, pour notre première chasse sur le territoire népaulais.

Si on veut bien nous le permettre, nous décrirons dans tous ses détails cette première chasse comme début de l'expédition. Nous répartirons les suivantes en deux grandes divisions :

1° *La chasse au tigre ;*
2° *Le « general schotting ».*

Donc, vers sept heures du matin, par une journée promettant d'être chaude, nous nous mettons en ligne en direction de l'est. L'aile droite est conduite par votre serviteur, l'aile gauche par le duc de Montrose. Williams, au centre, dirige l'ensemble de la ligne. Entre chaque chasseur se trouvent quatre éléphants, et notre colonne, forte de trente-six de ces nobles animaux, se met en mouvement sur un signe de M. Pritchard.

Nous traversons d'abord des champs cultivés d'où de nombreuses cailles se lèvent. J'ai le bonheur d'en tuer une de mon premier coup de fusil tiré de l'aowdah. C'est de bon augure, ayant remarqué que si l'on tue la première pièce, soit avec un nouveau fusil, soit dans une nouvelle chasse, on a toujours de la chance ensuite. Le petit padd, éléphant placé près de moi (et que j'ai eu à mes côtés pendant toute l'expédition), sur un mot et un signe, ramasse la caille au moyen de sa trompe, et, avec une grande adresse, la passe à son mahawat. Je commis alors une erreur due à mon ignorance de l'improbité des indigènes. Au lieu de serrer dans mon coffre tout le petit gibier tué, je le laissai aux *mahawats*, comptant le leur réclamer au retour ; mais je ne pus avoir le soir que la première caille et un ou deux oiseaux recueillis dans mon coffre. Un peu plus tard, je dus me convaincre que j'avais été volé d'environ quatre cents cartouches et de sept baguettes de fusil par les mahawats, durant les *tiffins* de chasse. Et quand j'appris que ceux-ci les avaient revendues immédiatement au camp népaulais (où il y avait des 12 b. l. et des 500 express), je fus suffisamment fixé sur la confiance à accorder aux serviteurs indigènes.

Nous arrivons bientôt à une jungle d'herbes de deux mètres de hauteur ; de là débuche le plus beau sanglier que j'aie jamais vu. Nous le tirons, mais nous le manquons tous. Après l'avoir salué de mes quatre coups de carabine, je lui envoyai, à environ cent vingt mètres, une balle de paradox ; elle dut le frapper un peu en arrière, car il s'arrêta sur les jambes de devant, mais bientôt après il reprit sa course et disparut dans les hautes herbes.

Nous continuons notre marche vers l'est, faisant un feu d'enfer sur le moindre gibier qui se lève devant nous. Pour m'habituer aux secousses de l'aowdah, je tire absolument tout, depuis les grives jusqu'aux serpents, en passant par les cerfs, les sangliers, les coqs et les poules de jungle, et les rajas de corbeaux. Nous franchissons un bras assez profond de la rivière et nous ne pouvons nous empêcher d'admirer l'habileté des éléphants. Pour franchir les rives de la Coosy, celles-ci étant assez élevées au-dessus de l'eau, ils s'asseyent sur leur train de derrière, puis descendent lentement dans l'eau, tâtant toujours en avant avec leur trompe pour savoir où ils doivent poser le pied, avançant alors en glissant de nouveau sur leur ventre jusqu'à ce que leurs membres postérieurs tombent d'eux-mêmes dans l'eau. Une fois dans la rivière, ils progressent lentement, sondant toujours au-devant d'eux avec précaution. Tantôt, ils plongent si profondément la tête dans l'eau que leurs yeux et leur front, seuls, émergent, ainsi que l'extrémité de leur trompe qui aspire l'air à deux mètres en avant; tantôt, ils ont la tête complètement hors de la rivière et alors, remplissant d'eau leur trompe, ils introduisent le liquide dans leur bouche et le dégustent avec un jeu de physionomie exprimant le contentement le plus intense. Pour remonter sur l'autre berge, ils se mettent à genoux sur les jambes de devant, grimpent des pieds de derrière jusqu'à ce que ceux-ci soient posés sur le haut de la rive et bien assurés contre les éboulements de terre. Alors, ils relèvent les jambes de devant et reprennent leur marche comme si de rien n'était.

Cette manière de passer les cours d'eau à l'aide de ces

monstrueux animaux nous avait déjà prouvé l'intelligence remarquable de ces grosses bêtes au petit œil malin. Mais notre admiration atteignit à son comble quand, après avoir passé la Coosy, nous entrâmes dans un épais fourré d'acacias pourvus de dards armés de cinq ou six pointes. A peine avons-nous reformé notre ligne, rompue par le passage de la rivière, que nous voyons les arbres se briser de tous côtés : sur un signe de doigt du mahawat, les branches qui gêneraient notre passage sont arrachées par la puissante trompe de nos montures. Les plus gros acacias sont cassés en deux par le poids des pieds de l'éléphant ou par la pression de son front. Il faut aussi rendre hommage aux mahawats, qui font passer, au milieu de ces arbres si rapprochés, l'aowdah placé derrière eux avec une telle habileté que jamais, ou du moins très rarement, ils n'accrochent une branche. Une bonne précaution est d'avoir son coukri à la main : souvent les branches susceptibles d'égratigner la figure ou les mains du chasseur sont hors de la portée du mahawat ou de l'éléphant, et lui seul peut les couper du haut de son aowdah.

Dans cette jungle d'acacias, sont de nombreux essaims d'abeilles accrochés aux branches des arbres que nous évitons avec soin, tenant nos couvertures bien à notre portée, afin de nous en couvrir en cas d'attaque. De loin en loin, cette jungle renferme des touffes d'herbes des pampas, très épaisses et très hautes, d'où sortent des quantités de petits cerfs-cochons (*hog deer*). Les sangliers se montrent aussi de temps en temps, et nous en tuons quelques-uns. J'aperçois, dans une petite clairière, un coq et une poule de jungle : je les tire et ne tue que la poule.

Nous avons repassé la Coosy en un point tout à fait à pic, où l'eau est très profonde. Un des éléphants, de petite taille, est obligé de nager, opération toujours difficile pour ces animaux qui ne peuvent se soutenir sur l'eau que l'espace d'environ deux cents mètres ; alors ils coulent à fond, puis remontent pour fournir une nouvelle nage de deux cents mètres et ainsi de suite. Mais lorsqu'ils sont montés, la natation leur devient impossible ; s'ils l'essayaient, ils perdraient inévitablement leur équilibre et seraient emportés par le courant.

Parvenus sur la rive gauche de la Coosy, nous nous retrouvons dans de vastes plaines où l'herbe n'atteint pas une grande hauteur, et où les lièvres, gibier excessivement rare aux Indes, se trouvent assez nombreux. Comme l'heure du *tiffin* approche, nous nous arrêtons près d'une touffe de gros bananiers, à côté de quelques cabanes. Là nous mettons pied à terre et nous nous installons à l'ombre. On remet d'aplomb l'aowdah de M. de Morès et celui du colonel : leurs aowdahs, s'étant quelque peu dessanglés, penchaient fortement à droite et ils y étaient secoués comme dans des *paniers à salade*.

Mais Williams, apercevant le poteau-frontière du Népaul à une centaine de mètres de l'endroit où nous *tiffinons* et désireux de savoir si un convoi d'éléphants népaulais ne venait pas à notre rencontre, part immédiatement sur son éléphant et passe la frontière. Quant à nous, nous prenons du soda glacé et nous mangeons un excellent ragoût chaud, ce qui me rappelle les bonnes chasses du château d'Eu.

Il nous fallait une passe pour pénétrer sur le territoire népaulais. Or, nous n'avions qu'un télégramme du résident anglais à Katmandoo, annonçant que le premier ministre du Népaul nous adressait trente-cinq de ses éléphants et ses chicaris pour nos

chasses le long de la Coosy et sur tels autres territoires qu'il
nous conviendrait. Aussi, attendions-nous avec impatience le
retour de Williams. Dès que nous l'aperçûmes, nous courûmes à
lui. Il nous apprit que son passage avait été signalé à la frontière
par des sentinelles postées dans des arbres. Un éléphant, monté
par deux hommes, s'était alors dirigé à sa rencontre. Il informa
le chef du poste de l'arrivée des princes, qui attendaient à la
frontière les éléphants népaulais annoncés pour participer à la
chasse au tigre, pendant six semaines, sur le territoire de leur
souverain. Le chef lui répondit que les éléphants et les chicaris
de Son Altesse le premier ministre étaient en effet à notre dispo-
sition ; qu'il avait reçu les ordres les plus formels de faire tout
son possible pour procurer une fructueuse chasse à Leurs
Altesses qu'il devait accompagner pendant vingt jours. Il ajouta
qu'il avait rembuché un tigre dans la jungle épaisse située à notre
droite et qu'il nous engageait à la battre.

Williams lui avait donné rendez-vous pour une heure, au
poteau-frontière, sous un immense baobab. Il ne nous restait plus
qu'un quart d'heure pour achever notre *tiffin*. Ce qui semble surtout inquiéter Williams, c'est que le Népaulais ne lui a parlé que
de vingt jours de chasse. Ne connaissant pas le caractère jaloux
et désagréable des Népaulais, nous nous persuadons que rien ne
sera plus simple que de les décider à demeurer avec nous
aussi longtemps qu'il nous conviendra, et nous voilà tout à la
joie de savoir qu'un tigre est rembuché près de nous, que nous
allons peut-être le tuer, en tout cas certainement le voir.
Williams nous calme pourtant en nous faisant remarquer que les
Népaulais procèdent toujours ainsi. Ils affirment qu'un tigre est
rembuché dans une épaisse jungle et ils mènent les chasseurs, la

première fois, dans les plus épouvantables ronciers, — où jamais il n'y a de tigres, — pour essayer de leur faire prendre en aversion ce genre de chasse. Cependant, il assure que la jungle où nous allons passer peut en cacher un. Son opinion était fondée, car, dans cette même jungle, quelques jours plus tard, un grand tigre passa toute la nuit à rugir, à soixante mètres de notre camp qu'il tint éveillé.

Mais l'heure du rendez-vous est arrivée. Déjà des éléphants, plus gros que les nôtres pour la plupart, s'avancent au trot vers la borne, allure que les éléphants népaulais seuls savent bien prendre. Outre le mahawat, ils ont sur leurs dos un homme armé d'une petite massue garnie de clous avec laquelle celui-ci frappe à tour de bras les malheureux animaux, à la naissance de la queue, leur faisant ainsi accélérer le pas. Les éléphants sont rangés devant nous et le chef nous adresse force salams très empressés. C'est un gros homme court, à la figure large et noire. Ce qu'il offre de plus remarquable, c'est son ventre, qui dépasse toutes les dimensions imaginables, et qu'une grosse ceinture où est passé un immense coukri, fait ressortir encore. Sur son turban reluit un croissant d'or au milieu duquel brille une grosse émeraude, le tout probablement faux. Il est assis dans une espèce de bain de siège à trois faces placé sur un superbe éléphant. C'est l'aowdah des Népaulais. Nous autres, Européens, nous nous y trouvons fort mal, et cette position accroupie est des plus gênantes. Je l'ai essayée plusieurs fois et j'assure qu'on ne peut pas tirer convenablement d'une pareille baignoire.

Ce gros homme, qui s'affuble du titre de capitaine, nous regarde avec curiosité, mon cousin et moi, et demande à Williams lequel de nous est le prince de Galles. Williams lui répond que je suis un prince français, explication d'ailleurs inutile, car l'indigène ignore l'existence de la France. Sa curiosité semble faire place à la crainte quand mon cousin tire de son aowdah un appareil photographique dont il braque l'objectif sur lui. Williams lui ayant expliqué qu'il n'avait rien à craindre, et qu'au contraire le prince Henri lui fait l'honneur de le portraiturer, le petit homme se rengorge, se dresse sur ses ergots, et, l'opération terminée, demande, comme un enfant, à voir la boîte. Williams a beaucoup de peine à lui persuader qu'on ne peut ouvrir cette boîte au soleil sans abîmer son portrait.

Pendant ces présentations et ces salams, les éléphants népaulais et nos padds s'étaient alignés de l'autre côté de la jungle et s'apprêtaient à nous rabattre le prétendu tigre. Williams souriait à l'idée de tirer le premier tigre avant l'arrivée du docteur, quand celui-ci apparut sur un padd, ayant traversé la Coosy et venant du nord-ouest. Il est pourvu d'un express 500 et de quelques cartouches. A l'offre de monter dans un aowdah, il répond qu'il préfère son padd. Je l'approuve, en mon for intérieur, car, à deux on est très mal en aowdah et l'on ne peut pas bien tirer.

La battue commence et au bout de quelque temps le docteur, Léon (mon piqueur) et moi entendons quelque animal s'approcher de la lisière du bois où nous étions tous postés en ligne. Mais, hélas! ce n'est pas le tigre. Ce sont deux axis, gros cerfs mouchetés comme les daims de nos pays, mais portant les bois d'un cerf. Chassant le tigre et ayant l'ordre formel de ne rien tirer, nous laissons passer les deux charmants animaux. La battue n'ayant pas donné de résultats, on la recommence, mais comme le tigre reste invisible, nous prenons la décision d'entrer dans

la jungle et de tout tirer de manière à faire sortir le fauve.
Cette jungle est d'un accès autrement difficile que celles que
nous avons traversées jusqu'alors. Ici tous les arbres sont de
grands boababs ou banians, couverts de lianes qui tombent
jusqu'à terre. Les éléphants cassent bien les arbres, les troncs
cèdent sous leur énergique pression, mais nous sommes obligés
de n'avancer que le coukri à la main. Quand on voit une pièce de
gibier, on lâche son coukri pour prendre et armer son fusil :
cette opération terminée, le gibier est hors de vue si une branche
ne vous a pas frappé sur le cou et ne vous a renversé dans le
fond de l'aowdah.

Cependant, de tous côtés, les détonations commencent à se
faire entendre sous l'épais dôme de feuillage qui masque absolument le soleil et donne à l'atmosphère une fraîcheur embaumée
par les émanations des fleurs d'orangers sauvages, fraîcheur bien
agréable à cette heure de la journée. De loin en loin quelques
clairières; alors nous voyons s'envoler, comme des flèches,
d'énormes paons dont la queue seule est touchée par nos coups
de fusil. D'autres oiseaux blancs et noirs, au bec et à la tête
étranges, se lèvent sans se laisser approcher. Dans les lianes, de
grosses bêtes sautent de branche en branche et se cachent à
merveille; ce sont des singes à queue prenante; leur tête est
toute blanche et leur face aussi noire que l'encre; leur poil long
et soyeux a un reflet argenté qui rend leur fourrure très recherchée dans l'Inde. Désireux d'en posséder un spécimen dans ma
collection, je descendis un vieux mâle aux favoris pendants et
qui, vraiment, ressemble énormément à beaucoup de personnes
de ma connaissance.

Mais pas la moindre trace du tigre qui, d'après le volcelest

vu dans un sentier boueux, avait dû passer par là plusieurs
jours auparavant. C'est ce que Williams avait prédit. Les Népaulais, suivant leur coutume, nous avaient promenés dans la jungle
la plus épaisse à l'effet de nous dégoûter de la chasse. Mais
nous ne nous y laissons pas prendre. Au contraire, ce mauvais
vouloir des Népaulais nous excite encore davantage à la persévé-
rance et nous aurions passé toute la journée au soleil à battre et
à rebattre la même enceinte s'il y avait eu la certitude de la présence d'un tigre. La nuit vient et nous oblige à retourner au
camp.

Nous laissons donc les Népaulais édifiés sur nos dispositions,
avec ordre de nous rejoindre le lendemain, au même rendez-
vous d'aujourd'hui. Puis nous revenons tranquillement vers
le camp, satisfaits de notre journée d'essai, dans laquelle chacun croyait avoir fait merveille, et respirant avec un vif plaisir
l'air frais du soir, après un soleil très dur. La fusillade ne s'arrête pas un instant; tantôt c'est un vautour, tantôt c'est un lièvre
qui tombe sous nos coups. Mais le grand sport du retour est le
tir à balles explosibles sur des chacals qui courent sur un terrain
plat et nu. On voyait les balles frapper, puis éclater avec un grand
bruit, épouvantant les chacals qui, après une dizaine d'explosions
ne savaient plus de quel côté se tourner.

Nous sommes un instant effrayés à la vue d'un immense incendie qui embrase l'horizon, justement dans la direction du camp.
Bientôt, la nuit devient plus noire, mais nous sommes rassurés
en voyant distinctement luire les diverses lumières de nos tentes.
De notre campement, où nous parvenons à neuf heures, nous
admirons la jungle qui brûle. C'est un spectacle grandiose. Les
chacals fuient en troupes, tantôt riant, tantôt pleurant. Mal-

heureusement le vent rabat sur nous la fumée, sans que toutefois nous nous en inquiétions, car, entre nous et le foyer de l'incendie se trouve la Coosy avec sa large nappe d'eau. Le dîner nous paraît excellent et le lit de camp délicieux après cette bonne journée de chasse.

LA

PREMIÈRE CHASSE AU TIGRE

LA

PREMIÈRE CHASSE AU TIGRE

Le 4 mars, de grand matin, nous nous préparons à aller retrouver nos Népaulais sur leur territoire, et à camper, sur la Coosy, non loin de l'endroit où nous avions *tiffiné* la veille. Nous partons : un beau soleil, qui éclaire la terre encore blanche de la rosée de la nuit, nous annonce une splendide journée. Formés en ligne, nous marchons droit vers le nord. Naturellement, la pétarade commence aussitôt sur les lièvres et les cailles. Au bout d'un mille ou deux, je perçois la voix connue de mon chien Tom, qui a lancé un lièvre en avant de nous. Ce farceur de Tom avait brisé sa chaîne et était venu nous retrouver ; j'ordonne qu'on le rattrape, et Williams le prend dans son aowdah. Mais alors ce bon chien exécute un des plus jolis sauts que j'aie jamais vu faire. L'aowdah de Williams a trois pieds de haut : Tom s'y tenait tout à fait au fond, l'éléphant toise douze pieds, approximativement, soit en tout une hauteur de quinze pieds. De son observatoire, Tom, ayant vu un lièvre partir près de Williams, prit son élan du fond de l'aowdah, passa par-dessus, c'est-à-dire fit un saut ascensionnel de quatre pieds, retomba sur le sol (quinze à seize pieds plus bas) sur ses quatre pattes, et courut au lièvre sans même poser un moment. Williams fut émerveillé aussi bien de l'adresse que de la force de cette petite bête. L'ayant reprise et attachée dans mon aowdah, nous continuons à avancer vers la frontière népaulaise.

En traversant de hautes herbes fourmillant de cerfs et de sangliers, je tire d'abord un gros sanglier (de 250) avec mon 577, ensuite un cerf avec mon paradox qui devient décidément mon arme de prédilection. Nous avançons rapidement. Tout à coup, un éléphant népaulais arrive sur nous au petit trot allongé. Le chicari qui le monte s'entretient quelques minutes avec Williams, puis il repart dans la direction du camp népaulais. Williams ordonne que, de notre côté, on ait à cesser le feu.

Le chicari avait assuré à Williams qu'un grand tigre était rembuché, ou — comme on dit dans le langage spécial usité pour la chasse au tigre — qu'on avait le *cobber* d'un gros tigre dans la jungle d'acacias s'étendant à notre gauche, de l'autre côté de la Coosy. Nous ne tirons donc plus, dans la crainte de donner l'éveil au fauve.

Nous parvenons à l'emplacement de notre futur campement, que nos coolies, partis de très bonne heure, préparent déjà. J'y laisse mon chien et nous rejoignons les Népaulais. Ceux-ci nous font traverser la rivière en un point nommé Awnogeah Ghat qui a servi à désigner le fameux camp aux environs duquel nous avons tué la plus grande partie des tigres rencontrés au cours de notre expédition. De l'autre côté de la rivière nous nous formons en ligne, face au nord. J'occupe l'aile droite, ayant à ma gauche le duc de Montrose et mon cousin.

Le terrain où nous nous sommes formés en ligne est marécageux ; là végètent de longs roseaux émergeant d'une boue épaisse
recouverte d'une légère couche d'eau saumâtre. Nous marchons
lentement jusqu'à la lisière du bois d'acacias ; nous faisons alors
une conversion à gauche, par suite de laquelle je me trouve à
l'extrémité nord du bois, puis nous allons droit à l'ouest.
Dans le bois le terrain change d'aspect ; la terre est sèche et
couverte, deçà, delà, d'une herbe assez longue ; à l'endroit où
je suis, de gros buissons d'épines et d'églantiers.

J'oubliais de mentionner que le chicari qui me conduit a
vraiment bonne figure malgré ses longs cheveux crépus. Son
habit blanc est encore tout souillé du liquide rouge projeté sur
lui par les brahmines, en vue de lui accorder une nombreuse
postérité.

A peine avais-je fait deux cents pas dans le bois assez clair,
mais dont le sous-bois présentait suffisamment de couvert, que
j'aperçus quelque chose d'aspect jaunâtre se lever lentement
devant moi et disparaître derrière des buissons, à environ cent
cinquante mètres. Mon mahawat et le chicari s'écrient en même
temps : « *Sheer bagh ! bagh ! deckah Saahib !* » (Tigre ! tigre !
regarde, maître !) Mais je ne vois rien du tout. En avançant de
quelques mètres encore, j'aperçois une sorte de ligne jaune rayée
de noir, se détachant sur un arbre à cent vingt mètres de moi :
ce ne pouvait être que la queue du fauve. J'avais mon paradox à
la main. Sans ajuster la hausse, je vise à environ un mètre en
avant de la queue, afin d'atteindre le tigre à l'épaule que mas-
quaient des touffes d'herbe n'offrant pas d'obstacle résistant à la
balle. C'est sans aucune émotion et avec autant de tranquillité
que j'en mettrais à tirer à la cible, que je presse la détente. Le

coup retentit longuement dans la forêt silencieuse, et quand la fumée eut disparu, le tigre, ou pour mieux dire la tigresse, avait fait un immense bond de près de trente mètres et venait droit sur moi d'un air menaçant, mais assez lentement pour me prouver que je l'avais blessée. Sans perdre le sang-froid j'ajuste l'animal à la gorge quand je ne l'ai plus qu'à quarante ou cinquante mètres. Mais mon éléphant commence à s'inquiéter du voisinage trop rapproché du grand fauve. Juste au moment que je presse la détente, ma monture fait un brusque mouvement de recul qui a pour résultat d'amener une déviation de mon fusil, aussi ma balle, au lieu de porter dans la tête ou dans le cou, va couper une grosse branche d'acacia à quelques centimètres de la gueule de la tigresse. La branche tombe sur elle; à l'instant la bête met la queue entre ses jambes, comme un chat battu, et file. Je lui envoie encore deux balles de 577, mais sans la distinguer assez nettement pour avoir chance de la toucher.

A ce moment l'émotion que j'avais contenue me domine et, jointe à l'excitation de la poursuite, me cause un tremblement des mains. Pour la première fois je venais de voir un tigre en liberté. J'avais sans doute couru un danger puisque la tigresse avait essayé de me charger, mais ce qui m'émouvait davantage, c'était de ne l'avoir pas tuée raide. Tandis que ces pensées agitaient mon esprit, mon éléphant s'avançait dans la direction prise par la tigresse en fuite. En passant à l'endroit où elle se tenait quand je lui avais servi mon premier coup de fusil, je fus assuré qu'elle avait bien été blessée : mon projectile l'avait traversée; il était, en effet, incrusté dans un arbre.

La perspective d'avoir blessé et par conséquent de me voir attribuer la tigresse si elle était tuée (la première balle est celle qui compte), me rendit mon sang-froid, que la vue de l'animal en fuite m'avait fait un instant perdre. Je poursuivis ma proie avec acharnement, suivant ses traces sur le sable fin du sentier qu'elle avait parcouru. Bientôt je la rejoignis, mais le fourré était là très épais et les troncs d'arbres excessivement rapprochés.

La tigresse bondit d'un buisson à ma droite, à environ quatre-vingts mètres : je lui envoie quatre coups de carabine; malheureusement les arbres arrêtent mes balles. Mon cousin Henri, accouru à mes coups de fusil, aperçoit le fauve et lui envoie une volée qui n'a d'autre effet que de l'exciter à filer encore plus vite.

Il fallait en finir. Je réunis Henri, M. de Boissy et le duc de Montrose, qui m'avaient rejoint, puis, avec quelques padd-éléphants, nous formons une ligne au centre de laquelle je me place pour diriger la poursuite d'après le volcelest. Au bout de quelques centaines de mètres, nous parvenons dans la plaine à une jungle d'herbes de douze à treize pieds de haut, dans laquelle je suppose que la tigresse a dû se retirer. Mon espérance n'est pas déçue : l'éléphant de M. de Boissy se livre à une musique infernale et se prend à reculer. M. de Boissy voyant quelque chose filer en avant tire dessus, mais c'était un cerf, et le tigre est revenu à droite, vers mon cousin et moi. Les herbes ondulent à cinquante mètres au-devant de nous. Nous y dirigeons quatre balles, mais nous avons tiré trop haut, n'ayant pu bien apprécier la hauteur du tigre dans ces herbes géantes. J'avance rapidement vers l'endroit sur lequel nous avons dirigé notre dernière salve, mais, avant que j'aie fait dix pas, mon éléphant signale le tigre par des mouvements d'inquiétude rarement trompeurs. En même temps, il lève sa trompe comme pour s'apprêter à frapper, vers la gauche,

un objet que je ne vois pas distinctement. A défaut de mon paradox, déchargé il n'y a qu'un instant, je prends mon 577, je porte
mon regard du côté signalé, et, écartant de la main les hautes
herbes qui m'empêchent de voir à terre, je cherche de tous côtés
la tigresse. Tout à coup je l'aperçois, les yeux étincelants et
la gueule ouverte, qui s'avance lentement sur mon éléphant;
elle se trouve à ce moment à moins d'un mètre du pied gauche
de devant de ma monture, prête à s'élancer sur sa tête. Sans
prendre le temps de réfléchir, je me penche complètement hors
de mon aowdah, de manière à pouvoir tirer verticalement, et,
abaissant rapidement mon arme vers les yeux de la tigresse, je
fais feu. Un grognement sourd répond à la détonation; il est immédiatement suivi du bruit d'un corps qui roule à terre. Quand la
fumée se dissipe, j'ai la joie de contempler à mes pieds la noble
reine de la jungle. Tout à l'heure j'étais content de l'avoir blessée
le premier; maintenant, je triomphe de l'avoir tuée à moi tout seul.

Mon éléphant — est-ce contentement, est-ce frayeur? — se
met à tourner en rond autour de la tigresse, en secouant ses
grosses jambes massives, et en battant les herbes de sa trompe.
Le spectacle est curieux à contempler; mais lorsqu'on est haut
monté sur le pachyderme on ne se sent pas tout à fait à l'aise.
Il se calme enfin, et s'arrête près de ma victime, ce qui me permet de descendre pour la considérer. L'herbe est si haute et si
épaisse que, pour franchir les quatre ou cinq mètres qui me
séparent de la bête, je m'égare un moment avant de la retrouver. La tigresse, ainsi couchée dans la position où elle est
tombée foudroyée, au moment où elle sautait, paraît énorme.
Après examen, je trouve que ma première balle de paradox
avait frappé entre deux côtes, à environ quinze centimètres en

arrière du défaut de l'épaule, et, comme je l'avais déjà remarqué, le fauve avait été traversé de part en part. Je m'explique la vigueur sitôt retrouvée par la tigresse, en constatant que les deux ouvertures produites par la balle s'étaient trouvées immédiatement obstruées par un épanchement des viscères : l'écoulement du sang n'avait pas eu lieu. Seule, l'hémorragie interne avait forcé la tigresse à s'arrêter; elle avait alors essayé de me charger et je l'avais achevée. Ma dernière balle, une *expansible* de 577, avait pénétré dans le cou, à la base du crâne, fracturant la colonne vertébrale, et avec une force telle que de petits éclats étaient ressortis à travers la gorge, en trouant la peau, comme l'aurait pu faire du petit plomb.

Je me livrais tout entier à l'admiration de cette belle bête, quand les chicaris népaulais arrivèrent.

J'avais souvent entendu raconter force histoires curieuses sur la superstition des Hindous au sujet des tigres, et je me tins prêt à les empêcher de porter la main sur ma victime. Je fais arracher, par Jaï (le chef chicari), brin à brin, les poils des moustaches de la tigresse : il me les remet. Je les enveloppe avec soin dans du papier et les conserve de même car je tiens essentiellement à les ravir au vol des indigènes, qui en font des remèdes en les mêlant à des préparations vénéneuses.

Le chicari, qui, le matin, avait rapporté le *cobber* de cette tigresse, se dirigea vers elle. Et, fait prouvant autant la superstition des Hindous que leur crainte du roi de la jungle même après sa mort, il s'approche de la bête, tire son coukri, prend à sa pointe quelques gouttes du sang s'épanchant des naseaux du fauve et arrache une touffe de trois poils à la tête, aux yeux, à la queue et au pourtour de la blessure de l'animal. Il est persuadé que s'il n'accomplissait pas cette cérémonie, l'esprit de la tigresse le haïrait de l'avoir livrée aux blancs et causé sa mort, et qu'il le poursuivrait lui et ses enfants. Ces reliques, placées sur la porte de sa chaumière, empêcheront les autres tigres de le mettre à mal.

Nos compagnons arrivent. Ils forment le cercle autour du premier tigre de notre expédition. Mon cousin tire de son aowdah son inévitable appareil. Il prend tout d'abord épreuve de la tigresse morte, couchée dans la jungle ; ensuite il me photographie, m'appuyant sur mon fusil, un pied posé sur le fauve terrassé.

La journée était complète, puisque nous avions même eu le coup du photographe. Je dois le dire d'ailleurs, j'ai rarement vu des épreuves photographiques aussi réussies que celles obtenues par mon cousin au cours de notre expédition au Népaul.

Williams, qui de l'aile gauche avait entendu la pétarade, s'était imaginé que nous nous amusions à tirer des cerfs sans nous préoccuper du tigre. Il était donc quelque peu mécontent quand il nous aborda, mais il prit part à notre joie lorsqu'il vit la tigresse morte et qu'il apprit que, à part une erreur inévitable pour des débutants perdus au milieu des hautes herbes, tous les coups avaient été tirés sur la bête.

Sans nous accorder une minute de repos il commanda de reformer immédiatement l'ordre de chasse, affirmant que la tigresse n'était pas seule et que le tigre devait se trouver dans les parages avoisinants.

Mais nous avons beau battre toutes les jungles environnantes, nous ne levons que des hordes de cerfs ou de sangliers. Enfin nous atteignons le bord de la Coosy en vue de nos tentes.

La tigresse, mollement ficelée sur un padd, est dirigée sur le camp pendant que nous *tiffinons*.

Nous nous rafraîchissons avec un grand plaisir; nous fêtons la mort du premier tigre et buvons à nos succès futurs .

Après le *luncheon* nous revenons doucement au camp, tirant en route plusieurs oiseaux et particulièrement des bécassines.

A dater de ce jour j'adopte un système de tir dont je me suis depuis très bien trouvé. Je tiens un 16 léger de la main droite et me maintiens de la gauche à la barre de devant de mon aowdah. De cette manière on peut lancer son coup de fusil beaucoup plus vite et conserver beaucoup mieux son aplomb. En opérant ainsi j'ai tué une grande quantité d'oiseaux et même réussi à coucher bas nombre de cerfs.

Au camp tout le monde est dans la joie. Léon exulte. Nous assistons au dépouillement de la tigresse. De la tête à la pointe de la queue elle mesure huit pieds neuf pouces. Son crâne, heureusement, n'a pas été touché par la balle; il se trouve en parfait état. Nous n'avons pu retrouver que la capsule de cuivre et un éclat de la balle 577.

Avant le dîner, le drapeau français fut hissé sur la tente occupée par mon cousin et moi; notre pavillon fut salué par de vives acclamations. C'était peut-être la première fois que les couleurs françaises flottaient dans cette région.

A dîner, le duc de Montrose propose aimablement ma santé. Je l'en remercie et le docteur nous excite tous à boire du champagne, qui, à ce qu'il dit, tue les microbes et garantit de la fièvre.

Pour compléter cette relation détaillée de notre première chasse au tigre, je voudrais essayer de montrer, en m'appuyant sur

l'expérience acquise ainsi que sur des exemples tirés des différentes chasses qui ont suivi celle-ci, de quelle façon ce genre de
sport doit être mené, dirigé et pratiqué. J'essaierai aussi de
décrire les mœurs des tigres, leur habileté à éviter les pièges et
à tromper les chasseurs les plus exercés ; je parlerai de cette
chasse spéciale, soit à pied, soit à l'affût.

LA CHASSE AU TIGRE

CHAPITRE PREMIER

Nous examinerons d'abord la chasse au tigre telle que nous l'avons pratiquée pendant presque toute notre expédition dans le Teraï, c'est-à-dire du haut d'un éléphant et en marchant en ligne.

Dès qu'un tigre est signalé dans le voisinage du camp et dans un endroit où l'on peut aisément chasser, on y dirige les chicaris, avec mission de découvrir les passages les plus fréquentés par le tigre; ils y attachent un ou plusieurs buffles. Il arrive que le tigre se promène plusieurs jours de suite dans la jungle sans tuer une seule des bêtes ainsi disposées en manière d'appât. C'est qu'alors il se nourrit de cerfs ou de sangliers. Pendant notre expédition, les cerfs blessés ou abandonnés par les mahawats fournissaient aux fauves une nourriture abondante et agréable. Mais, indépendamment de ce gibier, le tigre tue d'habitude une vache ou un poney par semaine. Pour parvenir à tuer des animaux aussi forts que des buffles mâles le tigre se met en quête d'un buffle isolé, s'approche de lui avec une grande adresse, profitant de tout ce qui peut le dérober à la vue de sa victime. Il s'avance ainsi jusqu'à environ une quinzaine de mètres de sa proie, puis il prend son élan, fond d'un seul bond sur le cou du buffle qu'il déchire de ses griffes, tandis que de ses grandes dents, fortes et pointues, il lui coupe la gorge. Il en suce le sang alors qu'il est chaud. Cette première partie du festin terminée, il saisit la bête par le cou dans sa puissante gueule, puis jetant l'animal par-dessus son épaule, l'assujettit sur ses reins et l'emporte dans un fourré qui lui sert de repaire. Il le laisse là faisander et vient en dévorer les restes le lendemain, s'il n'a point été dérangé dans l'intervalle.

Dès qu'un tigre a tué un des buffles attachés, les chicaris suivent ses traces jusqu'à ce qu'ils aient découvert le fort où il s'est retiré. Quatre ou cinq hommes montent alors dans les arbres environnant la jungle et veillent à ce qu'il n'en sorte pas ; dans le cas où il la quitterait momentanément ils le suivent de loin et le rembuchent de nouveau. Un des chicaris se rend auprès des chasseurs, leur indique le lieu où le fauve est rembuché et s'entend avec eux sur la manière dont il sera procédé à la battue. On se dirige vers le repaire sans tirer de coups de fusil et on se forme en ligne en tâchant toujours d'avoir le vent pour soi, le tigre ayant l'odorat très subtil. Puis la ligne s'avance, évite de faire du bruit, jusqu'à ce que le tigre puisse être levé. A ce moment les deux ailes doivent se replier de manière à former à peu près un cercle et à entourer le fauve. Règle générale : aussitôt que le tigre est signalé, la fusillade devient universelle ; tous les chasseurs tirent sans viser, à n'importe quelle distance et quelquefois même sans avoir aperçu l'animal, chacun nourrissant l'espérance de pouvoir dire qu'il a mis la première balle et que, par conséquent, le tigre est à lui. Mais si l'on veut vraiment tirer les tigres sans risquer de grandes chances de les perdre, il ne faut le faire qu'à cent mètres au plus et frapper à l'épaule ou au cou.

Rien de plus dangereux qu'une fusillade générale, alors qu'un tigre blessé est entouré d'une ligne de rabatteurs et de chasseurs dont le tir devient plus ou moins assuré suivant le degré d'agitation de leur éléphant. En pareille occurrence il est bien plus prudent d'employer des balles explosibles : on évite ainsi toute chance de ricochet, d'autant mieux qu'à cette courte distance elles ont une force de pénétration sans pareille. Il faut se munir d'un fusil à âme lisse chargé avec deux *meadshells* [1], dont on peut se servir dès que la ligne s'est resserrée et que le cercle se rétrécit. Au cours de notre expédition nous avons toujours suivi cette tactique : grâce à elle il ne nous est jamais arrivé le moindre accident. Par contre l'an dernier, pendant la courte chasse du vice-roi dans le Teraï, un grand éléphant (celui que Williams montait de préférence) fut frappé par ricochet d'une balle solide de 577 qui lui traversa la trompe et le fit saigner abondamment. Un autre éléphant (lequel est au nombre de ceux de l'expédition), reçut aussi par ricochet une balle d'express (calibre 12) qui, pénétrant près de la naissance de la trompe, ressortit vers l'oreille et ne produisit, grâce à la dureté du crâne, qu'une forte hémorragie. Mais, depuis ce temps, lorsque cet éléphant repasse par l'endroit où il fut blessé, il devient méchant et se montre rétif. Il n'a pas perdu le souvenir du lieu où il gagna sa blessure.

1. Balle ronde chargée de fulminate.

Dans les premiers jours de notre chasse nous eûmes l'occasion de constater le danger du tir à balles pleines, au cas de marche en cercle. C'était le 9 mars. Le cobber apporté le matin laissait à désirer. Deux tigres, — disaient les chicaris, — se tenaient dans la petite jungle d'acacias située à l'ouest du camp de Awnoghea Ghat, où le rapport nous avait été fait. Notre ligne, formée sur la lisière sud, remonta le bois dans toute sa longueur, à travers des marais où les éléphants enfonçaient jusqu'au poitrail et des buissons d'acacias où nous étions cruellement déchirés. Au bout de quatre heures de cette pénible marche nous commencions à désespérer de rien voir et déjà mon cousin et moi, qui formions le centre, avions allumé notre pipe et nous étions rapprochés pour causer. Nous touchions à la pointe nord du bois, et l'aile gauche, formée par le docteur, le colonel de Parseval et le duc de Montrose, arrivait en plaine, quand les padd-éléphants de notre gauche se sauvent tout à coup en approchant d'un épais roncier. Le cri bien connu de « Bagh Saahib ! » retentit en même temps que la trompette des éléphants effrayés par la présence du tigre. Mais, par malheur, le rusé matou avait forcé la ligne et rebroussait chemin dans le bois. Nous faisons face en arrière en bataille. Comme le tigre n'était pas sorti du roncier touffu, nous l'entourons. Bientôt j'aperçois le fauve et je lui envoie une balle de paradox qui l'atteint à la naissance de la queue et lui brise les reins. Au moment où j'allais lui envoyer mon second coup je vois l'éléphant du colonel juste en face de moi. Naturellement je m'abstiens. Le tigre, s'étant relevé, se traîne encore l'espace de quelques mètres, et durant ce court trajet, il est salué par un véritable feu roulant. Comme il est de petite taille et que, dans les buissons, tout le monde le prend pour un fauve de grande taille, les balles passent au-dessus ou en avant de lui et vont ricocher dans toutes les directions, au grand effroi des mahawats, mais heureusement elles ne touchent personne. Le tigre se couche sous un arbre et est achevé par mon cousin. Il n'avait que quatre pieds de long : c'est pourquoi de si habiles tireurs l'ont tant de fois manqué. Dès ce jour nous adoptâmes l'emploi des balles explosibles.

Si le *kill* du tigre est voisin d'une petite jungle boisée, le cobber est généralement beaucoup plus sûr. Le tigre se retire volontiers, par un sentier de gibier fréquenté, dans un couvert assez fourré. Les chicaris peuvent alors, presque toujours, se glisser sans bruit par ce sentier, se cacher derrière les arbres sur lesquels ils trouvent un refuge en cas d'attaque, et aller ainsi jusqu'à ce qu'ils aient vu le roi de la jungle couché, faisant la sieste après son repas. Souvent aussi ils épient le fauve du haut des branches.

Dans les jungles d'herbes, au contraire, les chicaris vont toujours à éléphant, de manière à pouvoir dominer les hautes herbes. Le plus souvent le kill provient des troupeaux de quelque village, et l'indication en est due aux habitants eux-mêmes. Les chicaris ne se soucient guère de s'aventurer dans les grandes herbes où ils craignent d'être attaqués à chaque instant, sans rencontrer un lieu de refuge assuré comme celui que leur offrent les arbres de la forêt. Lorsqu'ils « font le bois » dans les grandes jungles d'herbes, ce sont les pires valets de limier du monde. Ils s'avancent en tremblant jusqu'à la lisière de la jungle : dès qu'ils ont vu la rentrée de la bête, ils font leur brisée et reviennent chercher les chasseurs.

La jungle herbue est vaste : elle commence un peu avant la

frontière du Népaul et remonte au nord jusqu'aux montagnes de Katmandoo, n'étant bordée pour nous, à l'ouest, que par la Grande Coosy, et, à l'est, par la Sal Forest. Elle est coupée et pour ainsi dire divisée en enceintes par des ruisseaux ou des lits de rivières desséchés, sur le sable desquels il est aisé de s'assurer si le tigre a quitté une enceinte pour l'autre. Mais le courage des chicaris ne va pas jusque-là. La plupart du temps, s'ils sont seuls, ils se contentent de donner la rentrée de l'animal dans la jungle, au lieu de préciser l'enceinte où il est ou devrait être rembuché. C'est à cela que nous devons de perdre tant d'heures et de peines dans la grande île Bela Topoo, située à l'ouest du camp de Bobia.

A toute règle il est des exceptions. Nous fûmes assez heureux pour découvrir, parmi nos indigènes, un chicari du pays que les Népaulais de Katmandoo détestaient et à qui ils ne confiaient presque jamais le soin de faire le bois. Ce petit homme maigre, à la figure intelligente et expressive, était le courage et l'habileté mêmes. Il ne nous a malheureusement donné que les cobbers de quatre chasses dans lesquelles nous parvînmes toujours à un plein succès. Trois d'entre elles, surtout, méritent un récit, car les tigres étaient rembuchés dans « un mouchoir de poche ». Chaque fois, ce brillant Népaulais avait minutieusement suivi la trace des tigres à travers les hautes herbes de la jungle, jusqu'à ce qu'il eût vu par lui-même le lieu de retraite des fauves pour la sieste. Il venait alors nous chercher, nous menait exactement à l'endroit où se reposaient les tigres, fait d'autant plus remarquable qu'il y avait impossibilité d'aposter des sentinelles, aucun arbre n'émergeant du sol à plusieurs lieues à la ronde.

Il débuta par un coup de maître. A la date du 20 mars nous

étions écœurés du mauvais vouloir des Népaulais et des multiples difficultés qu'ils nous opposaient. On s'en souvient, le gros capitaine Saahib s'était d'abord présenté comme le chef des Népaulais envoyés à notre rencontre vingt jours auparavant. Mais nous avions découvert, au bout de quelque temps, qu'un jeune juge, Soobah Saahib, était le véritable chef et, de plus, qu'il nous était parfaitement dévoué. Or le capitaine Saahib l'avait tout uniment supplanté. Profitant d'une maladie du Soobah, il fit tous ses efforts pour nous empêcher de tirer des tigres et nous amener à renoncer à la chasse. Il alléguait, de plus, que ses ordres ne comportaient que vingt jours de chasse et que nous n'avions pas de passe régulière à lui exhiber. De telles manières d'agir nous avaient exaspérés, et comme nous n'avions pas tué de tigres depuis quatre jours — ce qui nous paraissait long — mon cousin et moi avions tenu la veille, par l'intermédiaire de Williams, un *deobar* (réception hindoue dans laquelle on est assis sur deux rangs avec le chef au bout). Nous avions déclaré au capitaine que nous resterions six semaines, télégraphiant en même temps au vice-roi pour obtenir, par son entremise, un ordre formel de Katmandoo et la permission de tuer des rhinocéros, animaux sacrés pour les Népaulais. C'est dans ces circonstances que nous résolûmes d'essayer les services du chicari local, si détesté des Népaulais. L'événement prouva que nos espérances étaient justement fondées.

Donc le 20 mars, vers sept heures du matin, l'actif petit homme était de retour, sa besogne déjà faite. Un kill avait été signalé dans une île près de Bela Topoo, mais un peu à l'est. Le chicari, parti à trois heures du matin, avait suivi un bras desséché de la Coosy qui le conduisit près du kill. Rampant au milieu des herbes, il avait eu la joie de contempler une tigresse de grande taille qui festoyait, avec deux jeunes tigres; le corps d'un buffle faisait les frais du repas. Ayant laissé les fauves tout à leur festin il était revenu sur-le-champ nous prévenir. Nous le suivîmes enchantés.

Henri, un peu indisposé depuis plusieurs jours, ne put nous accompagner. Après une marche d'environ deux heures, d'abord à travers les hautes herbes, ensuite sur un terrain où la jungle avait été brûlée et où le vent projetait à notre visage des cendres chaudes, nous arrivons dans les sables de la rivière. Nous avançons à la file indienne, droit au nord, de manière à prendre le vent et à battre l'île vers le sud. Par cette marche sans bruit, nous apercevons des centaines de vautours tournoyant le long des berges. D'autres rapaces, étendus au soleil, les ailes allongées sur le sable, montraient qu'ils venaient de se repaître des restes d'un repas de tigre. Cette indication ne fut pas perdue pour moi. Je pensai que les tigres, gorgés, ne s'éloigneraient guère du lieu de leur festin et qu'en me plaçant assez près des berges, j'aurais de nombreuses chances de les tirer. Du reste, l'autre côté de l'île était bordé par une large bande de sable coupée de quelques filets d'eau que les tigres n'essaieraient certainement pas de franchir.

Dès que la ligne des rabatteurs fut formée, je me postai à l'aile gauche, ayant Williams et la marquise de Morès à ma gauche, étant ainsi à une distance raisonnable de la partie des berges indiquée par les vautours. Notre ligne occupait toute l'étendue de l'île. Nous avancions de la sorte depuis cinq ou six minutes, quand une énorme bête se lève devant moi. Mon mahawat m'affirme que c'est un tigre, mais j'ai bientôt reconnu en elle un énorme sanglier pourvu de superbes défenses. Que ne s'était-il présenté aussi bien quand je pouvais le tirer ! Je rageais *in petto*. Tout à coup, les cris de : « Bagh ! bagh ! » retentissent tout autour de moi et m'arrachent à ma rêverie. Je vois deux tigres se diriger vers une grande touffe d'herbes, à environ cinquante mètres de moi : ils vont s'y cacher, mais comme cette touffe est isolée au milieu d'un vaste espace où l'herbe a été brûlée, je suis sûr de les retrouver. Prenant ma carabine 10 chargée de huit drams de poudre, je me dirige avec précaution vers leur retrait. A peine y ai-je pénétré que les deux magnifiques fauves me partent à trente mètres, bondissant comme des poulains au milieu de l'espace dénudé. La tigresse se lève à ma droite, le tigre à ma gauche. J'envoie au mâle ma première balle, mon champ de tir étant plus restreint de son côté. Le fauve roule comme un lapin : il a reçu ma lourde balle au défaut de l'épaule. Je me retourne vers la tigresse qui fuit dans une direction oblique ; ma seconde balle l'atteint à la hanche gauche, la force à s'arrêter et à tourner ensuite vers la gauche. Toutefois, l'épine dorsale ayant été touchée, elle n'avance plus qu'avec difficulté. Comme le tigre se débattait encore, je marche sur lui pour l'achever avec un vieux 16 et des *mead shells*. Mais à ma vue, il trouve un reste de forces ; il se relève et vient vers moi la gueule ouverte et les yeux en feu. C'est ce que je désirais, ne voulant pas faire inutilement des trous dans cette magnifique peau. J'attends qu'il soit à quelques mètres ; je vise tranquillement le fond de sa gueule béante et je presse la détente. Une seconde détonation retentit et le tigre roule raide mort.

Pendant ce temps, la tigresse passe en se traînant devant

Madame de Morès. Elle essuie le feu de la marquise et continue lentement son chemin vers la rivière desséchée. Williams l'arrête alors, mais elle se débat encore jusqu'à ce qu'une de mes balles explosibles vienne mettre fin à ses souffrances.

J'avais réalisé le rêve caressé depuis le début de la chasse : faire un coup double de tigres. La tigresse mesurait huit pieds neuf pouces et le jeune tigre sept pieds.

A nos coups de fusil, l'aile droite, conduite par le docteur, avait habilement manœuvré et s'était avancée en pivotant sur son centre, formant ainsi, en se rapprochant de la rivière, un arc de cercle dont le cours d'eau figurait la corde. Le troisième tigre se leva entre le docteur et M. de Morès. Ce dernier, au bout de quelques coups de fusil, réussit à le mettre par terre.

Cette manœuvre fut exécutée en quelques minutes, et il n'était que neuf heures et un quart au moment où les tigres furent chargés sur les padd-éléphants.

Ce succès eut pour effet immédiat de nous rendre notre entrain et de dissiper chez les Népaulais la crainte qu'ils avaient depuis la veille que nous ne fissions à Katmandoo un rapport qui n'aurait pas manqué de leur attirer des châtiments. Dans les villages où nous passions, tous les habitants sortaient de leur demeure et poussaient des cris de joie à la vue de ces terribles fauves maintenant inanimés et qui, ces temps derniers encore, leur avaient causé de si grandes frayeurs. Ayant tenu à me rendre agréable au Soobah-Sahib, je montais un éléphant népaulais. Sur la route, le mahawat ne cessait d'exalter notre victoire. Le pauvre Henri, que nous avions eu le regret de laisser au camp, voulut s'associer à notre joie, et il nous photographia avec nos trophées. En témoignage de notre satisfaction, les chefs népaulais furent admis à

poser au milieu de nous. Ils parurent enchantés et disposés à
nous bien servir. Mais nous ne connaissions pas encore toute la
fourberie des chefs, pas plus que le mauvais vouloir des subor-
donnés. Bientôt les Népaulais devinrent bien plus indociles.

Le 4 avril, au moment où notre expédition tirait à sa fin, nous
eûmes une nouvelle occasion d'employer l'actif petit chicari.
Malheureusement il n'était pas de retour à l'heure fixée pour le
départ, et nous nous mîmes en chasse sans l'attendre, marchant
toutefois dans la direction suivie par lui et par laquelle il devait
certainement revenir. En effet, nous avions déjà battu les jungles
d'acacias à l'ouest de Bobia, où nous campions, et nous y avions
même tiré quelques cerfs et autres animaux quand apparut notre
bonhomme, monté sur son éléphant, trottant à vive allure. Il
nous annonce qu'il a rembuché un tigre à quelques milles de
nous. Nous partons à sa suite, mais nous n'étions pas au bout
de nos peines. Le vent, qui depuis le matin soufflait du sud-
ouest, tourna plein ouest et acquit une violence extraordinaire.
A l'ouest se trouvent divers bras desséchés de la Grande Coosy.
Bientôt s'élève un véritable ouragan de sable; il aveugle chasseurs,
mahawats et éléphants. Le capitaine Saahib nous proposa, naturellement, de rentrer, ce qui nous détermina à poursuivre la
chasse. Nous nous couchons au fond de nos aowdahs, sur
le padd même, et enveloppés de nos couvertures, nous avançons de cette manière sans être par trop incommodés, bien
que le sable soit ténu au point de traverser le fin tissu des
châles qui nous recouvrent. Nous poursuivons notre route,
guidés par notre intrépide chicari, ayant à peine le temps
de nous rendre compte de la configuration des terrains. De
temps en temps nous franchissions un lit de rivière à sec.

Alors le sable devenait plus épais. Nous nous arrêtâmes un instant pour faire rafraîchir les éléphants dans un bras de la Grande Coosy, qui, par extraordinaire, laisse couler un mince filet d'eau. Nous reprenons notre course. Après une dizaine de minutes, nouvelle halte pendant laquelle Williams donne des ordres. Supposant que nous sommes arrivés et qu'on se dispose à se placer en ligne, je me lève et me débarrasse de ma couverture. En effet, on formait la ligne, mais, à mon grand étonnement nous nous trouvons rangés dans une vaste plaine dans laquelle le feu a été mis, de sorte qu'il n'y a plus trace d'herbes. Elle est si nue qu'un lièvre n'y trouverait même pas à se raser. Cependant à une cinquantaine de mètres en avant de nous, je remarque avec plaisir une touffe de joncs épargnée par l'incendie. Elle peut mesurer vingt mètres de long sur dix de large. La manœuvre de Williams me donne à penser que dans cette touffe le tigre se trouve rembuché. Un peu plus de réflexion m'en persuade, étant donné le *cobber* émanant du perspicace chicari. Williams fait placer Madame de Morès de façon qu'elle passe juste au milieu du bouquet d'herbes et que le tigre ne puisse pas lui échapper. Il aposte M. de Morès à sa gauche et prend sa droite. Je pensais qu'une fois le centre de la ligne parvenu à la touffe d'herbe le tigre en sortirait. J'espérais aussi qu'il nous donnerait ce spectacle agréable à tout chasseur, soit de charger les éléphants, soit de fuir dans l'immense plaine en nous offrant une cible sur laquelle notre adresse ne manquerait pas de s'exercer. Mais, hélas! le fauve réfugié dans cette minuscule jungle n'était ni un tigre batailleur, ni un tigre en état de fournir une longue course; c'était un malade. Il se traîna péniblement au moment où la ligne s'approcha de lui et essaya de sortir du fourré, la force lui manqua. Il rentra dans les herbes. Madame de Morès le vit alors, le blessa, puis après une courte fusillade à laquelle le marquis de Morès et Williams seuls prirent part, une balle de ce dernier l'acheva. Le fauve mesurait six pieds dix pouces. C'était là une remarquable brisée. Rembucher un tigre au milieu d'une plaine brûlée, n'offrant aucun abri en cas d'attaque, voilà une de ces hardiesses que, seul, notre chicari favori était de force à tenter.

Ce fut lui, enfin, qui nous apporta le *cobber* du dernier tigre tué au cours de notre expédition, dans des circonstances assez singulières, comme on va le voir. Le 5 avril, on nous annonça que les trois derniers tigres dont la présence était connue de tout le pays avaient été vus au nord de Bela Topoo, mais en un point très distant de notre campement. Il aurait fallu s'y rendre avec un camp volant porté à dos d'éléphant, s'installer à l'endroit indiqué pour trois jours au moins. Or, pour camper dans les alentours de Bela, il aurait fallu employer environ cent de nos coolies rien qu'à couper les hautes herbes sur un grand espace et encore sans être assuré que tout danger d'incendie serait par là évité. C'était de plus courir la chance de perdre nos trois derniers jours de chasse à ne rien faire. On tint conseil. Les avis furent partagés. Finalement, la majorité décida qu'on irait sur la rive gauche de la Coosy procéder à un *general shooting*, aux environs du camp.

Le 6 avril au matin, nous partons gaiement pour opérer une dernière rafle de cerfs, de paons et autre gibier qui foisonne dans les îles au nord-ouest de Bobia. Nous avions obtenu un résultat satisfaisant et nous revenions pour traverser la rivière au-dessous de Bobia Ghat, quand on nous apprit qu'en cet endroit le cours d'eau était infranchissable. Nous remontons un peu au nord, mais l'eau, encore trop haute, s'oppose au passage. L'heure du *tiffin* approchant, nous faisons dresser la tente et prenons part à un excellent repas sur la berge de la rivière où règne une fraîcheur appréciable. Nous étions tous de joyeuse humeur. Le petit chicari, que nous n'avions point vu le matin, se présenta inopinément pour nous communiquer le *cobber* d'un grand tigre rembuché assez loin de l'endroit où nous nous trouvions. C'est avec un vif intérêt que nous écoutons son rapport à Williams, rapport dont le docteur nous fait la traduction au fur et à mesure. La perspective d'ajouter un tigre à notre liste, que nous pensions close, nous remplit de joie. Une difficulté restait à vaincre. Le chef chicari Jaï déclare qu'il est impossible de joindre le tigre dans la journée et de revenir coucher au camp. A son avis il n'y a qu'à coucher sous la tente du *tiffin* et envoyer au camp chercher des provisions pour le lendemain. Ce plan est adopté d'acclamation. Le docteur s'apprête à gagner notre campement pour en rapporter des vivres, des munitions et quelques tentes. Tout d'un coup il nous revient en mémoire que le courrier d'Europe doit partir le lendemain à sept heures du matin. Plusieurs d'entre nous demandent alors la permission d'accompagner le docteur, afin d'achever leur correspondance, s'engageant à être de retour le lendemain de bonne heure. Williams presse alors le petit chicari et il arrive à cette persuasion qu'avec quelque chance, il serait possible de tirer le tigre et de rentrer au camp avant la nuit. En un clin d'œil chacun a gagné son aowdah et la colonne s'ébranle avec rapidité. Williams et moi, trouvant nos éléphants trop lents et estimant que la secousse est trop forte quand ils pressent l'allure, nous descendons de notre

aowdah, sans arrêter la marche, pour l'échanger contre un thejamas. Nous avions parcouru environ trois milles et demi au moment où la tête de colonne, conduite par Williams, arrivait au bord
de la Grande Coosy. Les chicaris se disposent à battre la jungle
vers le nord, quand Williams entend du bruit derrière lui. Il se
retourne et il aperçoit un énorme tigre accompagné de sa tigresse.
Les fauves se lèvent et s'en vont doucement. Ils ont laissé leur
repas à moitié achevé. Nous n'avons que le temps de faire face en
arrière et d'essayer de les entourer dans un demi-cercle, afin de
les acculer à la rivière. J'enjambe à la hâte mon aowdah, je saisis
mon paradox chargé de deux balles. Au moment où j'armais
mon fusil, M. de Boissy, placé à ma droite et de l'autre côté de
mon cousin, met vivement en joue et tire deux balles de 450.
Henri envoie deux balles de 12, à peu près en face de moi, à
quarante mètres. Marchant attentivement dans cette direction
je vois les herbes remuer. Je lance ma première balle sans résultat, puis, pendant une seconde, je crois apercevoir la large épaule
gauche du tigre entre deux roseaux, et je tire mon autre balle.
Dans l'intervalle, la gauche de notre ligne s'avançait lentement
et la tigresse passait non loin du docteur, qui la tirait sans l'avoir
pour ainsi dire vue. Marchant rapidement dans sa direction nous
trouvons le gros tigre raide mort. Sans perdre un instant nous
nous dirigeons vers l'endroit où le docteur avait tiré, mais les
herbes extraordinairement fourrées nous empêchent même de
distinguer notre chemin. Tout à coup une détonation se fait
entendre sur la gauche et un animal passe devant notre ligne.
La seule agitation des herbes signale sa course. Salué par
un véritable feu de file, — Williams avait déjà fait feu de ses
deux canons sur lui, — il chargea un éléphant à découvert,

et l'on s'aperçut alors que ce n'était qu'un cerf. Nous rebroussons chemin et nous nous remettons à battre la jungle fourrée. Rien n'en sortit, sinon quelques cerfs, que l'émotion de la poursuite nous fit encore, à deux reprises, prendre pour la tigresse. Nous arrivons ainsi à l'endroit où le tigre est gisant. Nous mettons pied à terre pour le mieux considérer. Il est énorme, et, au jugé, il doit avoir près de onze pieds. Une seule balle de calibre 12 l'avait frappé juste derrière l'épaule, en pénétrant obliquement. Restait à savoir s'il avait été tué par la balle ronde de mon cousin, lancée avant la mienne, ou si la mort du fauve avait été déterminée par la balle cylindro-conique de mon paradox. Ce point ne pouvait être éclairci pour l'instant. Le certain, c'est que le tigre était mort et que le *cobber* avait été admirablement fourni. En aucun cas ce ne pouvait être un projectile de M. de Boissy qui avait abattu l'animal, ce chasseur ayant tiré avec un 450 et le trou de l'épaule étant incontestablement le fait d'une balle de 12. De là ce dilemme : si le tigre avait été touché par la balle de mon cousin, l'animal avait encore parcouru vingt-cinq mètres après son dernier coup de feu et était tombé étouffé ; si, au contraire, il l'avait été par la mienne il n'avait pas fait un pas et était tombé foudroyé. Entre mon cousin Henri et moi, jamais aucune discussion de chasse. L'examen de la balle pouvait seul décider à qui revenait l'honneur d'avoir tué le vingt et unième tigre de l'expédition.

Il était encore de bonne heure. Selon leur habitude, les chicaris avaient exagéré la distance à laquelle remisaient les fauves. En revenant vers la rivière, dont un indigène nous avait indiqué un gué, nous trouvâmes quantité de cerfs dans une sorte de petite jungle herbue, proche d'une plantation de cotonniers. Mon cousin et moi en fîmes un massacre. Très excités par l'ardeur de la chasse nous tirons sur tout ce qui se présente à notre vue. Une énorme bande de canards passe à deux cents mètres au-dessus de nos têtes; nous leur lançons des coups de fusil : inutile de dire que nous ne les atteignons pas. Le colonel de Parseval et M. de Boissy virent plusieurs chacals, mais, n'ayant pas leurs fusils, ils ne purent les tirer.

Nous franchissons la rivière en face de Bobia Gaddy. Nous redescendons vers le sud pour regagner, par Bobia Ghat, notre camp de Bobia. Comme nous traversions le petit village de Bobia Ghat, uniquement composé de quelques huttes de roseau et de bambou, nous retrouvons M. de Boissy arrêté devant un spectacle qui attire notre attention. Ce spectacle nous intéresse même si vivement qu'il nous fait presque oublier l'heure du retour. Sur une plate-forme en terre battue, les vieillards du village, assis en rond, fumaient leur narguileh, pendant que quarante à cinquante jeunes filles, décrivant un grand cercle en se tenant par le bras, dansaient autour de nos éléphants. Un nombre égal de jeunes gens chantaient les louanges des chicaris blancs qui les déli- vraient des tigres, leurs cruels ennemis. Parmi les jeunes filles, à part quelques-unes présentant des formes agréables, on n'aper- cevait que des visages d'une laideur repoussante. Rien de plus curieux que de les voir danser ainsi au son du tambour et des cymbales, jambes et bras nus et revêtues d'une sorte de gaze de couleurs variées qui les enveloppe des épaules aux genoux, et dessine à merveille la taille et la poitrine. A leurs pieds et à leurs bras elles portent de lourds bracelets d'argent qui, à chacun de leurs mouvements, produisent le son de mille clochettes. Quant à l'air sur lequel la troupe modulait ses louanges, c'était toujours ce même rythme, vif au début et traînant à la fin, que les Arabes ont apporté dans toutes les contrées où ils ont fait des prosélytes. Je l'ai entendu aussi bien à Séville qu'à Darjeeling, deux points pourtants distants de trois mille lieues. Je l'entends encore au moment où j'écris ces lignes, répété par des pâtres de l'Himalaya, à quelques lieues de la frontière du grand empire Céleste.

Quand les jeunes gens ont terminé leur chant, le cercle des jeunes filles se rompt. Elles le reforment bientôt, mais la figure tournée vers le centre du cercle. Les jeunes gens, placés au centre du cercle, font face aux jeunes filles. La musique recommence et jeunes gens et jeunes filles exécutent la même danse, chacun se penchant en avant sur une jambe, au milieu d'un grand bruit de bracelets. Les deux cercles tournent ensuite en sens inverse l'un de l'autre. A la pâle lumière de la lune qui monte déjà sur l'horizon le groupe de danseurs prend un aspect fantastique des plus bizarres et en même temps des plus attrayants. Tout à coup la musique qui, jusqu'alors, s'était maintenue lente et cadencée, se change en un galop infernal. Les cercles se rompent : chaque danseur entraîne sa partenaire et ils exécutent un galop des plus échevelés. Nous leur jetons quelques pièces de monnaie et des culots de cartouches métalliques, puis nous nous éloignons en riant.

Nous arrivons au camp vers neuf heures du soir, enchantés de notre dernière journée de chasse, un véritable succès. Déjà on dépouillait le tigre. M. Pritchard et Léon suivaient attentivement tous les détails de cette importante opération. La bête ne mesurait que neuf pieds huit pouces, mais sa poitrine et ses pattes de devant étaient énormes. Sur sa poitrine se trouvait une couche de graisse de trois pouces d'épaisseur, avec laquelle on peut préparer, dit-on, un excellent remède contre les rhumatismes. Mais ce qui nous intéressait surtout, mon cousin et moi, c'était la recherche du projectile. Dès que l'animal fut dépouillé et la peau mise en sûreté, Pritchard et Léon s'appliquèrent à suivre le trajet de la balle. Elle avait pénétré juste au défaut de l'épaule, obliquement, puis remonté dans le cou, qu'elle avait littéralement broyé. Pritchard, qui tailladait à ce moment dans les chairs avoisinantes du crâne, perçut la balle au bout de son couteau. Elle avait pénétré dans le cerveau. Quand cette masse de plomb en fut extraite, nous éprouvâmes, mon cousin et moi, une grande émotion : dès que Pritchard l'eut tenue dans sa main, sans même prendre une lanterne pour l'examiner, il s'écria : *A paradox bullet, by Jove!* En effet, la forme cylindro-conique de la balle ne pouvait laisser aucun doute. J'avais donc tué le vingt et unième et dernier tigre de notre chasse !

Nous avons vu quelle peut être l'habileté des chicaris à donner un bon cobber. Expliquons maintenant comment il convient de s'y prendre lorsque le tigre a échappé, soit que, vu par les chasseurs il ait été manqué ou légèrement blessé, soit que, n'ayant point été vu, il n'ait laissé que son volcelest comme trace de son passage.

La plupart du temps, le tigre, qui a la vie très dure, n'est pas tué du premier coup ou il est manqué. Alors il s'enfuit devant la ligne et souvent on ne peut parvenir à l'entourer. En ce cas la ligne doit conserver l'ordre le plus absolu et avancer dans la direction suivie par le fugitif. Ordinairement le tigre ne va pas très loin et on l'a bientôt rattrapé. En attendant d'être à portée de le tirer on est presque toujours sûr de l'avoir. En général, dès qu'on l'a signalé il n'est pour ainsi dire pas un chasseur qui ne commette la faute de quitter sa place, et criant : *Challo geldi !* à son mahawat, n'essaye d'arriver le premier à portée. C'est ainsi qu'on manque le tigre.

Le 12 mars deux fauves furent rembuchés pendant que nous chassions dans Bela Topoo. Notre ligne occupait toute la largeur de l'île ; nous marchions vers le nord. L'un des tigres se leva devant le colonel qui ne l'aperçut qu'un instant et ne put que prévenir ses voisins de la direction prise par l'animal. Mais Henri et M. de Boissy venaient justement de le voir et de décharger leurs armes sur lui. Immédiatement la colonne partit à fond de train à la poursuite du tigre. Un autre félin se leva aussitôt et fut tiré par M. de Morès. Celui-ci le laissa passer en arrière de lui sans le suivre, au lieu de rester avec Williams qui formait notre gauche. La ligne se débanda : le premier tigre fut tué, mais le second échappa par notre défaut d'ensemble et par le désordre qui en avait été la suite.

Lorsqu'un tigre s'enfuit sans être vu et qu'un volcelest peut seul aider à trouver sa trace, le meilleur mode de le suivre et de le relancer consiste à se mettre en ligne en marchant dans la direction indiquée par le volcelest. Sur chacune des ailes, un chicari marche de manière à découvrir le volcelest soit sur le sable d'une rivière desséchée, soit dans la boue d'un marais. Un autre chicari, posté à l'avant, doit s'assurer, à l'endroit où finit une jungle, si la trace se continue ou si l'animal est resté dans le fourré. De cette manière, le tigre ne peut échapper.

Durant notre expédition on n'exécuta qu'une seule fois cette manœuvre d'une façon correcte; ce fut le 30 mars, jour du vendredi saint.

Un grand tigre, que nous cherchions depuis dix-huit jours, nous avait été signalé dans le bois d'acacias à l'ouest du camp d'Awnogeah Ghat. La veille, nous l'avions chassé dans la grande jungle entre Dewangunj et Awnogeah, et il avait traversé la rivière à notre insu. Nous partîmes de Dewangunj de très bon matin. Après avoir mangé les « hot crost buns » traditionnels, nous comptions chasser ce gros tigre et venir camper à Awnogeah Ghat. Nous avions battu soigneusement les bois dans toutes les directions, sans pouvoir trouver le moindre vestige de son passage. Nous nous disposions à abandonner la poursuite et à nous mettre à tout tirer quand un vieux chicari qui rôdait vers la lisière nord du bois nous prévint qu'il avait découvert une trace fraîche du passage du tigre : l'eau trouble coulait encore dans son énorme volcelest à l'endroit où il était entré dans les hautes herbes du marais. Il marchait droit vers le nord, essayant de gagner le bois d'acacias de Bobia, mais il devait avoir très peu d'avance. Nous nous formons en ligne et je me trouve au centre ayant le colonel de Parseval à ma droite, mon cousin Henri à ma gauche. Nous avancions ainsi, éclairés en avant par le vieux chicari, suivant la rivière et regardant à chaque solution de continuité de la jungle si le tigre y avait passé ou non. Il avait environ cinq cents mètres d'avance sur nous. A notre droite, Williams surveillait le bord de la rivière avec le chicari Jaï, à gauche, sur la bordure du marais et d'une plaine déserte, le docteur et le petit chicari indigène. Nous étions déjà arrivés à une grande courbe de la Coosy, sur notre aile droite et nous pensions que le tigre avait sur nous une avance considérable puisque nous ne pouvions le rattraper. Alors des gardiens de buffles, que la peur avait fait grimper dans des arbres à notre gauche, nous annoncent que le tigre vient de passer. La dispersion caractéristique d'un troupeau de buffles effrayés nous confirme le fait. Nous nous apprêtons donc à nous trouver face à face avec le gros fauve, certainement de force à terrasser un éléphant s'il lui sautait sur la tête, ce dont les chicaris avaient une horrible peur. En avant de nous, le vieux chicari nous faisait comprendre que le tigre n'avait pas dépassé l'espace découvert où son éléphant s'était arrêté. Je venais de découvrir un volcelest de grand tigre que l'eau du marais n'avait même pas rempli. Il pouvait être seulement à quelques pas en avant de nous. A ce moment l'éléphant du colonel, — un grand éléphant népaulais monté par deux mahawats, — s'arrête, et les mahawats indiquent une touffe de grands joncs à une dizaine de pas entre eux et moi. Le colonel semble hésiter, puis tout à coup, comme pris d'un mouvement de fièvre, décharge brusquement ses deux coups de paradox et ses deux coups de 500 dans la touffe : rien ne remue. Il assure cependant qu'il vient de tirer un tigre. Nous nous approchons et voyons quelque chose de petit, un animal informe à demi enfoui dans une boue épaisse ; ce nous paraît être un cerf. Nous nous mettons à rire de l'erreur du colonel. Williams se laisse aussi tromper par cette apparence, et, en même temps, croyant toujours le grand tigre devant nous, commande de reprendre la marche et ordonne à un chicari de charger, sur son éléphant, la victime du colonel. Tout à coup une exclamation du chicari nous porte à nous retourner ; le malheureux pataugeait dans la boue, et, dès qu'il eut écarté les herbes les plus proches de l'animal il avait reconnu le grand tigre. Il nous appelle : nous accourons aussitôt. Le corps

énorme du fauve était entièrement recouvert de boue et sa tête
seule émergeait de l'eau, mais aussi quelle tête ! On ne peut en imaginer de plus grosse, avec de plus beaux favoris blancs. La gueule
entr'ouverte laisse voir d'énormes dents. Son corps est monstrueux et nous évaluons sa longueur à douze pieds, étant donnée
la largeur démesurée de ses épaules et de ses pattes de devant.
Alors les chapeaux volent en l'air, un bravo général retentit.
Williams, le premier, crie : « Vive le colonel ! » Il faut dire aussi
que ce tigre, qui en valait la peine, nous avait donné bien du fil
à retordre ; enfin il était mort et nous tout à la joie de la victoire.

Nous descendîmes en pleine boue pour le bien examiner. La
première balle du colonel lui était entrée par l'œil et avait fait
éclater le crâne. La mort avait été instantanée ; les autres balles
du colonel n'avaient point porté, ayant été tirées à hauteur de
l'animal supposé en vie et debout sur ses pattes. Malheureusement le crâne est en bouillie et la cervelle s'écoule par le nez. Il
s'agit maintenant de charger le monstre sur un éléphant et de
prendre toutes les précautions voulues pour éviter que la magnifique peau du fauve soit endommagée. Ce n'est pas une petite
affaire. Williams a conseillé de ne pas arracher les moustaches : il
rend le chef chicari responsable de la disparition du moindre poil,
d'une griffe quelconque ou de quoi que ce soit de ce *Royal Bengal Tiger*. Les indigènes ne pouvaient arriver à le hisser sur le
dos d'un éléphant couché dans la boue en attendant son fardeau.
Tout ce à quoi ils parvenaient c'était de s'enfoncer de plus en plus
dans la fange. Il fallut que Williams et le docteur leur prêtassent
le secours de leur forte poigne. Une fois arrimé, un flot de sang
mêlé de débris de cervelle s'écoula par les naseaux de l'animal
dont la tête résonnait comme une calebasse défoncée.

Nous renvoyons notre trophée au camp avec l'ordre d'attendre notre retour pour le dépouiller. Nous déjeunons sous un saule, à la même place où nous avions *tiffiné* une quinzaine de jours auparavant, le jour où le duc de Montrose avait tué son tigre. Malgré le maigre, le *tiffin* fut très gai : nous bûmes à la santé du vainqueur. Le colonel me force à accepter la peau de son beau tigre, laquelle est certainement de dimensions doubles de la plus belle peau des tigres tombés sous mes balles. Il s'y prend avec tant d'adresse et d'amabilité que je ne puis lui refuser, mais je tiens à lui dire que deux peaux de mes tigresses sont destinées à Madame de Parseval. Le déjeuner se prolonge quelque peu ; nous nous dirigeons ensuite tranquillement vers le camp tout en chassant.

Nous y sommes vers trois heures. Tout le monde, sous le coup d'une vive émotion, vient féliciter le colonel du grand succès que sa modestie à la chasse lui a procuré. Mon cousin prend une superbe photographie du colonel et de son tigre, puis une seconde, du tigre avec nous tous groupés autour du roi défunt, et enfin une troisième du monarque reposant seul, — photographies très bien réussies.

En dépouillant le tigre, on trouva sur lui quantité d'anciennes blessures. Il pouvait avoir vingt ans et ne mesurait que neuf pieds huit pouces à cause de sa queue excessivement courte, comme l'est d'ailleurs, celle des tigres de montagne. On découvrit, près de l'épine dorsale, une balle de 500 que le docteur lui avait envoyée quelques jours auparavant, et qui, si elle eût pénétré un peu plus haut, aurait pu lui casser les reins. Elle avait fracturé une côte non loin de sa naissance. Le colonel, à qui le docteur montrait la balle, lui dit alors très gentiment que, par droit de

priorité, le tigre devait lui appartenir ; mais le docteur répliqua
que non, la loi de la première balle n'ayant d'effet que dans le
cours d'une journée, sans quoi il n'y aurait plus aucun contrôle.
On retrouva aussi à fleur de peau une balle ronde, du calibre 12,
sans doute tirée par un chicari du pays. Au dîner, on porta unani-
mement la santé du colonel, le héros de la journée.

Nous avons eu, à plusieurs reprises, l'occasion de parler des
dépouilles de tigre. Quelques mots maintenant sur la manière
dont on les prépare pour les convertir en trophées dignes d'un
chasseur.

Le tigre sera ouvert depuis la queue jusqu'au milieu de la
mâchoire inférieure, suivant une ligne parfaitement droite. Les
quatre pattes seront également ouvertes et dépouillées, en ayant
bien soin de faire étendre les pattes elle-mêmes et d'en retirer la
chair environnant les griffes, qui, à défaut de cette précaution
les maintiendrait rentrées. La peau une fois dépouillée, après
avoir été préalablement mesurée du bout du nez à l'extrémité de
la queue, est étendue par terre sur un endroit aussi uni que possible, le poil en dessous. Elle est tendue au moyen de piquets,
de manière à l'allonger seulement de deux ou trois pouces. Certains chasseurs font tellement allonger les peaux de leurs tigres
dans le dessein de les faire passer pour d'énormes spécimens
de la race féline, que le poil se dresse au lieu de demeurer
lisse et poli comme au naturel, ce qui en gâte absolument
l'aspect. Une fois étendue, les derniers vestiges de graisse étant
enlevés, on dispose sur la peau un mélange de sel et d'arsenic,
puis on la sèche au soleil. Elle peut, dans cet état, attendre longtemps les soins définitifs d'un habile préparateur qui la passe et

la tanne. A défaut d'arsenic, du sel, de l'eau et des cendres de bois assurent un certain temps d'une manière satisfaisante la conservation des peaux

Le crâne du tigre est pour un chasseur un des plus beaux trophées. Les vers ne l'attaquent pas. Il peut être monté de diverses manières. Pour bien conserver un crâne de tigre, il faut tout d'abord laisser s'opérer la décomposition de la cervelle ainsi que des muscles, nerfs, tendons. On arrive à un bon résultat en laissant séjourner la tête dans un vase rempli d'eau, ou en l'enterrant dans le sol, ou encore en l'exposant à proximité d'une fourmilière. Dans ce dernier cas, il est utile d'attacher la tête à un poteau ; on est ainsi assuré que les actives petites bêtes, pour peu qu'elles soient nombreuses, nettoieront le crâne d'une façon absolument nette. Si l'on omettait de prendre la précaution indiquée, on courrait le risque de voir disparaître la tête, car ces bestioles sont capables de l'enterrer, voire même de l'emporter. Après ce nettoyage préliminaire, il est toujours indispensable de lui faire subir une ébullition prolongée à l'effet de détacher les dernières particules de chair susceptibles de demeurer adhérentes. Puis on fait séjourner dans l'eau froide pendant quelque temps. Elle acquiert alors une très jolie nuance blanche. On vernit ensuite et on entoure les dents d'un peu de couleur rose.

Un chasseur de tigres ne doit jamais oublier les griffes et les clavicules qui, montées en or ou en argent, font de charmants porte-bonheur, que les habitants ou habitantes de l'Europe se disputent à son retour.

CHAPITRE II

Le Népaul, où nous avons passé six semaines de chasse, est un
État indépendant, dont la frontière sud se trouve à cent lieues
environ au nord-ouest de Calcutta. Il confine au nord et à l'est au
Thibet. Son étendue est considérable.

Deux sortes de terrain forment le sol du Népaul. Le nord est
montagneux et très découpé. Les glaces et les neiges éternelles
couvrent les sommets. Le mont Everest, un des plus élevés du
globe, domine toute la chaîne de son superbe dôme blanc. A ses
pieds s'élève Katmandoo, capitale du Népaul, où habite un résident anglais. Le sud appartient aux hauts plateaux qui, sous le
nom de Teraï, longent toute la chaîne de l'Hymalaya ; le terrain
en est plat et uni, parsemé de forêts et de jungles. Cette partie
du pays est célèbre par les chasses dont elle est le théâtre, mais
pendant les trois quarts de l'année la fièvre pernicieuse occasion-
née par les eaux stagnantes en exclut totalement les Européens.
Ceux-ci ne peuvent y vivre, et avec les plus grandes précautions, que de février à la fin d'avril.

C'est dans le Téraï népaulais que nous avons fait toutes nos chasses. Nous suivions la rive gauche de la rivière Coosy. Cette rivière, sans lit déterminé, coule au milieu d'une grande plaine marécageuse couverte de longs roseaux s'étendant depuis le pied des montagnes de Katmandoo jusqu'à Purneah, la première ville anglaise près du Gange. Tantôt l'eau de la Coosy se répand en de vastes nappes sur des boues profondes, tantôt elle se précipite dans d'étroits canaux que la rapidité de sa course creuse de jour en jour. A chaque changement, l'ancien lit, mis à sec, devient un désert de sable brûlant que les vents soulèvent et dispersent aux quatre coins de l'horizon. Ces marais et ces déserts de sable se rencontrent principalement sur la rive droite de la rivière. Sur la rive gauche, constamment suivie par notre expédition, le sol est plus ferme. De vastes forêts le recouvrent, et dans les intervalles des jungles, les habitants cultivent en paix la terre. On distingue dans ces parages deux sortes de jungles : 1° celle que j'ai appelée jungle des ronciers, formée de ronciers impénétrables et de lianes épineuses qui barrent la route à chaque pas ; 2° la jungle d'acacias, plus praticable, faite d'une espèce de futaie de mimosas ou d'acacias assez espacés mais très touffus. Le sous-bois est formé de hautes herbes appelées *Tiger grass'*, où l'on trouve tant de cerfs et de gibier de tout genre.

Une seule et immense forêt se rencontre dans ce pays, la Sal Forest, vaste futaie dont les arbres très espacés tiennent le milieu entre le tulipier et l'érable. Leurs troncs symétriques et leur feuillage en parasol forment un dôme impénétrable au soleil, mais qui ont pour effet d'étouffer toute végétation. Le sous-bois n'existe pas. De loin en loin s'élèvent de curieux édifices à clochetons, de ton grisâtre, qui montent à deux ou trois mètres ; ce sont

les nids des terribles destructeurs de bois nommés termites ou
fourmis blanches. De grandes lianes aux fruits variés poussent de
loin en loin ; un jus rouge comme du sang s'en écoule avec abondance à la moindre entaille.

Les habitants de ces contrées sont petits et chétifs. Ils ont de
petits yeux fendus en amande, un nez épaté et un front fuyant
comme les Thibétains et les Chinois avec lesquels leur race s'est
sans doute quelque peu mélangée. Ils habitent de misérables
huttes en torchis, fréquemment détruites par les nombreux chan-
gements de l'inconstante Coosy. Ils se nourrissent de maïs qu'ils
cultivent, de quelques poissons pris dans des flaques qu'ils dessèchent ; ils boivent l'eau des ruisseaux et le lait de leurs troupeaux. L'usage du *taddy*, sorte de bière de coco fermentée, n'est
pas très répandu chez ces indigènes, qui apprécient pourtant bien
les liqueurs alcooliques telles que l'eau-de-vie et le whisky. Ils
sont peu adonnés à la chasse. Pourtant près de Bobia, nous trouvâmes une espèce de château féodal construit en moellons blancs,
d'un style rappelant beaucoup les constructions normandes. Dans
ce vieux manoir habitait un petit seigneur qui vivait tranquillement
du produit de sa chasse. Mais le fait est assez rare car le gouvernement de Katmandou se réserve les chasses de tout le pays.

Le Népaul est censé gouverné par un prince ou maharadja,
mais son premier ministre, le maire du palais, est tout-puissant.
Celui qui est actuellement en exercice a assassiné son oncle afin
de lui succéder. C'est à lui seul que nous avons toujours eu affaire.
L'Angleterre entretient au Népaul un résident habituellement
choisi parmi les majors de l'état-major de l'armée des Indes.

La religion dominante est le bouddhisme. Mais, comme partout aux Indes, on rencontre beaucoup de musulmans.

La distinction des castes est encore plus marquée au Népaul que partout ailleurs. Cela tient sans doute au voisinage des montagnes où vit une population active et entreprenante jalouse de conserver le droit de propriété. On peut remarquer le même fait au Thibet, en Afghanistan et en Bélouchistan. Les nobles vivent à part, réunis par familles dans des châteaux forts; fréquemment ils se font la guerre les uns aux autres. Les castes inférieures deviennent coolies et font le pénible métier de porteurs. Nombre de parias errent dans les montagnes, n'ayant ni feu ni toit.

En somme, le Népaul, pays autonome où nul Européen ne peut pénétrer sans l'autorisation du souverain, est moins civilisé que l'Inde. Toutefois ses habitants sont plus laborieux et plus rudes que les Indous; ils fournissent une partie des régiments de Gourkas qui constituent la meilleure infanterie indigène des Anglais. Les progrès de la civilisation n'ont point encore pénétré jusqu'à eux; ils ne les ont pas corrompus ou ramenés à une vie quasi animale comme il en a été pour les basses castes indoues.

Ceci dit revenons à la chasse au tigre.

On se fait toujours une très fausse idée du caractère et des mœurs de l'animal qui par sa force, la beauté de son corps et la crainte qu'il inspire aux Indous, mérite le titre de roi de la jungle. — En Europe, le mot tigre est synonyme de cruauté et d'audace. C'est une erreur complète; cet animal est craintif et souvent poltron. Pour exciter son courage il faut qu'il soit blessé ou que la nécessité de défendre ses petits soit en jeu. Encore, même dans ces circonstances, quand il peut s'enfuir, il le fait. Le tigre évite, autant qu'il peut, la rencontre de l'homme. Dans l'Inde, cependant, des indigènes sont fréquemment dévorés par les tigres.

Mais ces « mangeurs d'hommes » forment l'exception. Ce sont généralement de vieux fauves n'ayant plus la force de poursuivre le gibier dans les forêts. Ils trouvent beaucoup plus simple de s'embusquer près d'un village ou le long d'un sentier et d'attendre là qu'un de ces hommes sans force et à demi nus passe à portée de leur griffe. Mais, dès qu'ils ont goûté à la chair humaine, ils n'en veulent plus d'autre. Quelquefois aussi le tigre est affamé par le manque absolu de gibier et quoique jeune et fort il se fait mangeur d'hommes par nécessité. Pendant que j'écris ces lignes, — retenu à la maison par un épanchement de synovie, — presque tous mes camarades sont partis en chasse au nord de notre garnison à la poursuite d'un de ces *man eater*, la terreur du pays. Dans les arides montagnes environnant Chakrata, on peut marcher deux jours de suite sans voir une seule pièce de gibier. En revanche les oiseaux de proie, aigles, buses, vautours, milans, et toutes les bêtes puantes, chats sauvages, hyènes, chacals, panthères, léopards y abondent; mais ils sont invisibles à cause de la profondeur des ravins et des pentes à pic des montagnes où ils se cachent au milieu d'épaisses forêts de chênes verts.

Quand on chasse le tigre, il faut prendre toutes les précautions pour n'être ni éventé, ni entendu de trop loin, sans quoi nulle chance de pouvoir l'approcher, surtout s'il s'agit d'un vieux mâle. Les mâles sont beaucoup plus malins et plus poltrons que les femelles. Si un mâle n'est pas grièvement blessé, il ne reculera devant rien pour s'échapper, mettant en œuvre toutes les ruses possibles. Il semblerait même que plus un tigre est grand et fort, plus il est poltron, et plus il cherche à éviter la rencontre de l'homme; mais aussi ses moyens de fuite sont en proportion de sa force. Il devient alors très difficile de le poursuivre.

Un des plus grands tigres, peut-être le plus gros, mais certainement le plus vieux de ceux que nous abattîmes, déjoua si souvent nos attaques que son histoire vaut la peine d'être contée. Elle sera un excellent exemple à l'appui de ce que j'avance.

Le 6 mars, le duc de Montrose avait tué une tigresse, mais le tigre avait échappé sans être vu. Il se chargea de nous donner lui-même de ses nouvelles et de nous témoigner son mécontentement lorsqu'il ne retrouva plus sa compagne. La tigresse avait été tuée en dehors de la forêt d'acacias, située sur la rive droite, en face du camp d'Awnogeah Ghat, installé sur la rive gauche. Nous nous étions couchés assez tard cette nuit-là et nous dormions profondément quand, vers trois heures du matin, d'effroyables rugissements éclatèrent en face du camp sur la rive opposée de la Coosy. Le mâle avait découvert le camp des meurtriers de sa femelle et ne voulait pas les laisser reposer en paix. Il traversa la rivière à la nage au-dessus du camp, recommença ses rugissements et se mit à roder autour des tentes. Sa rage atteignit son paroxysme quand il découvrit le corps de la tigresse. Nous pûmes alors l'entendre rugir plus fort et tourner en grondant autour de la carcasse que les chacals effrayés quittaient en gémissant. Il continua ce manège pendant une heure, nous tenant tous éveillés. Sa poltronnerie, encore plus forte que sa rage, l'empêcha de se décider à attaquer même les bœufs et les coolies parqués au milieu de la plaine. D'un autre côté, la nuit était trop noire pour pouvoir l'apercevoir et lui envoyer un coup de fusil. Mais nous avions immédiatement pris la précaution de placer près de nos lits des fusils de gros calibre chargés de balles explosibles pour nous défendre en cas d'attaque. Nous n'eûmes pas à en faire usage. Vers quatre heures du matin les rugissements s'éloignèrent graduellement et lentement. On eût dit que le tigre quittait à regret les alentours de notre camp.

Dès les premiers rugissements, Williams s'était habillé à la hâte et avait engagé le docteur à en faire autant. Son dessein était de monter un éléphant afin de suivre le tigre qui certainement se retirerait en continuant de rugir et de le rembucher lui-même, au cas où il ne pourrait le tirer. Il courut donc au parc des éléphants (à cent mètres environ de notre propre camp) et ordonna à l'un des mahawats de seller une monture. Mais l'Indien, déjà effrayé, refusa énergiquement de s'exposer ainsi la nuit. S'adressant ensuite au mahawat de Tchotta Ganga, le plus tranquille et le plus sûr de nos éléphants, il lui donna l'ordre de s'apprêter à le conduire, lui et le docteur, à la poursuite du tigre. Le mahawat sembla hésiter. Williams résolut alors bravement de tenter la seule chose possible. Puisque les mahawats craintifs refusaient le service, armé de son fusil, monté sur son cheval, il suivrait le tigre. Il allait mettre le pied à l'étrier quand Tchotta Ganga apparut, son mahawat s'étant enfin décidé à conduire Williams et le docteur dans leur expédition nocturne. Ils prirent place sur le padd, munis l'un et l'autre d'un bon fusil et partirent à l'effet de rembucher notre visiteur de la nuit.

Le tigre, pendant ce temps, se retirait lentement vers la jungle tout en faisant retentir de sa voix, les échos de la forêt. Williams et le docteur l'eurent bientôt rejoint. Ils se mirent à le suivre à une certaine distance, avançant quand il marchait, s'arrêtant quand il s'arrêtait. La nuit était si noire qu'on voyait tout juste aux pieds de l'éléphant. Le fauve qui jusqu'alors avait suivi la plaine, sembla se douter d'un danger, car il s'arrêta et se mit à décrire des cercles en rugissant. Heureusement, l'éléphant demeurait parfaitement tranquille. Le tigre, ne voyant et ne sentant rien, prit par une grande allée qui sépare la Sal Forest et la jungle de lianes. Il s'arrêtait de temps en temps, paraissait inquiet et en proie à une véhémente colère. On pouvait l'entendre s'élancer sur les arbres, les déchirer de ses griffes et de ses dents ; sa rage assouvie, il reprenait sa marche. A un moment l'éléphant s'approcha si près de lui que Williams distingua parfaitement le bruit de ses pas sur la terre et les grognements sourds qu'il poussait entre les dents. Tchotta Ganga ayant posé le pied sur un gros tronc d'arbre invisible dans l'obscurité de la nuit, laissa échapper un léger coup de trompette. Le tigre poussa immédiatement un grognement et s'enfuit à la hâte. Puis il recommença ses rugissements et son manège quand il crut le danger passé.

Enfin à sept heures du matin, le jour étant venu, le tigre cessa ses cris. Williams le vit pénétrer dans une jungle d'églantiers au sud du gros village de Dewangunj. Il revint immédiatement au camp nous communiquer le résultat de ses recherches. Nous nous mîmes aussitôt en route à peu près certains de le trouver dans cette jungle ou dans le bois de lianes. Nous nous trompions étrangement. Nous nous mettons en ligne et commençons à battre la première jungle. On ne peut se figurer ce qu'est une jungle de ronciers si l'on n'y a jamais mis le pied. Les arbres qui la composent sont touffus, élancés et armés des plus formidables épines. A leurs branches s'accrochent des lianes énormes garnies d'épines aussi horribles que celles des arbres. Un ruisseau tortueux, profond, boueux, aux berges à pic et minées par les eaux, traverse ces jungles et procure aux chasseurs et aux éléphants une agréable fraicheur. Il faut déposer son fusil. C'est assez que de couper branches, lianes, se trouvant à la hauteur du visage.

Les deux jungles que nous traversons successivement sont remplies de toute espèce de gibier, mais de tigre point. Arrivés à l'extrémité de la seconde, nous commencions à désespérer de retrouver même ses traces quand nous aperçûmes accourant vers nous, l'air tout effaré, un indigène, habitant d'un petit village distant de six cents mètres. Il nous dit que, quelques heures auparavant (il était une heure) un tigre avait traversé son village, où il avait tué une vache et un poney et qu'il s'était ensuite retiré dans une petite jungle un peu au nord. Nous vîmes en effet ses deux victimes encore toutes fraîches tuées. Le vindicatif animal avait tourné sa colère contre ces deux bêtes inoffensives. Il s'était contenté de sucer le sang de la vache comme pour assouvir sa colère et non sa faim. Nous le suivîmes dans la jungle où l'on nous assurait qu'il s'était réfugié. Nous ne le découvrîmes point et ceux à qui nous demandions des renseignements ne pouvaient ou ne voulaient pas nous en donner.

Fatigués de cette poursuite infructueuse nous nous abritons sous un arbre où nous déjeunons. Puis chacun rentra de son côté au camp ; je demeurai dehors jusqu'à la nuit m'amusant à tirer des oiseaux avec M. et Madame de Morès. En arrivant au camp nos compagnons virent les indigènes sortir de l'eau une vache que le gros tigre venait de tuer de l'autre côté de la Coosy. C'était trop fort ! Le vieux poltron après nous avoir échappé, nous laissant nous empêtrer dans la jungle, narguait notre camp. Pritchard traversa la rivière en bateau et suivit à pied la trace du tigre ; il vit l'animal se coucher et crut qu'il s'était étendu pour un long sommeil. Il revint immédiatement au camp où il trouva un détachement des nôtres qu'il dirigea sur la retraite du fauve. Mais celui-ci, ne s'estimant sans doute pas en parfaite sûreté, avait passé la rivière. Quand Morès, Madame de Morès et moi nous traversâmes la forêt à la tombée de la nuit nous entendîmes parfaitement sa voix grave et son rugissement formidable qui s'élevait du milieu des grands arbres. Tout aussitôt l'idée nous vint d'aller le châtier de son insolence, mais le vieux routier nous craignait peu ; il se sentait protégé par la nuit. En effet, nous parvînmes jusqu'à cinq cents mètres de lui, mais là un ruisseau nous barra le passage. La nuit était déjà noire et les mahawats refusaient d'avancer sur le tigre rugissant. Il fallut battre en retraite. Au dîner il ne fut naturellement question que du manque d'audace de ce tigre, de taille à mettre en fuite une ligne d'éléphants, rien qu'en simulant une charge.

Nous étions persuadés, en nous couchant, que, fatigué de tous les tours et détours de la journée, le tigre se reposerait au moins cette nuit. Il n'en fut point ainsi. A la faveur des ténèbres il quitta la jungle où nous l'avions suivi au coucher du soleil, traversa la Coosy et vers les trois ou quatre heures du matin recommença son bruyant et discordant concert. Mais cette fois, Williams comme nous tous ayant reconnu l'inutilité de le poursuivre, personne ne s'inquiéta de son tapage. Vers la pointe du jour une voix de tigre beaucoup plus faible que la sienne lui répondit. Elle semblait venir à peu près de l'endroit où le 4 mars, j'avais tué la tigresse. Le duo continua jusqu'au jour et au moment où la lumière parut, les deux tigres devaient avoir opéré leur jonction.

Nous nous préparâmes, en conséquence, à faire parler la poudre en leur honneur. Les chicaris nous affirmaient que le vieux monarque, en ce moment en bonne fortune, ne quitterait pas la jungle et que si nous le troublions dans ses amours, sa colère serait terrible. Mais nous savions à quoi nous en tenir sur son courroux et nous nous plaçâmes de manière à battre la jungle vers le sud à partir de la petite rivière qui en marque à peu près le centre. En effet les traces allaient bien vers le sud. Au bout d'un mille environ, un chicari vit son volcelest qui rebroussait chemin et pénétrait dans un marais où l'eau empêchait de bien distinguer les empreintes. Nous fîmes face en arrière et remontâmes droit au nord en battant la jungle d'acacias dans toute sa longueur. Au passage du sentier de Bela Gaddy à notre camp de Awnogeah Ghat, nous pûmes très bien distinguer dans la boue les volcelest tout récents du gros tigre et d'un plus petit marchant côte à côte; mais nous avions beau battre la jungle rien ne se montrait, à part quelques cerfs qui, par leurs folles charges, nous donnaient à chaque instant l'émotion de croire que le gros tigre se décidait enfin à ne plus se cacher. Notre espoir fut vain et nous nous mîmes bientôt à tout tirer. Tout à coup le commandement de « cessez le feu! » fut donné par Williams. La trace toute fraîche des deux tigres venait d'être retrouvée dans une flaque d'eau encore troublée par leur passage. Nous continuons pendant environ un mille et nous arrivons à l'extrémité du bois. Là je tuai le plus petit des deux tigres dans les circonstances que j'ai racontées dans un précédent chapitre, à propos du danger de tirer lorsque le cercle est formé autour d'un tigre blessé.

Le vieux lâche, abandonnant à sa propre défense son jeune compagnon, avait profité du retard causé par sa mort pour prendre sur nous une avance considérable. Nous retrouvâmes son volcelest dans la jungle d'herbes marécageuses au nord-ouest du bois d'acacias, mais nous perdîmes bientôt ses traces, allant dans la direction de Bela Topoo. Il avait sans doute été averti par la mort de son compagnon, que la position aux environs de notre camp n'était pas absolument sûre, de là sa décision de changer de domicile. Nous le laissâmes aller en paix comptant bien avoir de ses nouvelles dans un court délai.

Nous n'attendîmes pas longtemps. Ayant changé de camp pendant la chasse du 8, dans laquelle j'avais tué le petit tigre, nous nous trouvions à Bobia sur un bras de la Coosy peut-être l'un des plus profonds et des plus rapides. Or le 9 au matin les chicaris nous apprirent que le gros tigre, au lieu de se diriger sur Bela comme nous pouvions le supposer la veille au soir, avait fait un détour et s'était retiré dans la jungle d'acacias entre Swamp Town et un des grands bras de la Coosy. Là, disaient-ils, nous étions sûrs de le trouver car il devait être très fatigué de ses dernières pérégrinations. Mais rien ne pouvait le lasser du moment où il y avait un danger à éviter et les chicaris, escomptant avec trop de confiance sa prétendue fatigue, avaient fait le bois à leur manière habituelle. Ils avaient vu le volcelest se diriger vers le petit bois et se disant que le tigre n'en était pas sorti, ils n'avaient même pas songé à en faire le tour pour vérifier le fait. Leur paresse et leur mauvais vouloir favorisaient constamment les tigres, mais notre chance vint heureusement tout compenser.

Le 9 au matin, nous nous mettons donc en route. Nous traversons d'abord le bras de la Coosy sur lequel était dressé notre camp, puis une sorte de petit lac couvert d'une multitude d'oiseaux aquatiques, puis enfin le grand bras de la petite Coosy et nous pénétrons dans le vaste marais aux hautes herbes qui sépare les deux bois d'acacias entre Awnogeah et Bobia sur la rive opposée de la Coosy. Là nous relevons, parfaitement imprimé dans la boue, le volcelest du gros tigre que nous connaissons maintenant si bien. Il entrait en effet dans le bois d'acacias. Nous le suivons avec difficulté car dans ce bois, un jeune taillis des plus fourrés, la marche est lente et pénible. Des deux côtés s'étendent des marais de sables mouvants dangereux, formés par les méandres de la Coosy. Mais ce taillis ne renferme que des cerfs et des sangliers en grand nombre et des paons aux queues énormes. Que de fois j'ai dû déposer mon fusil pour ne pas tirer ces superbes oiseaux qui s'envolent sous les pieds de nos éléphants! Mais nous croyons toujours à la présence du tigre. A l'extrémité du bois nous retrouvons son volcelest qui se dirige vers un point où deux petits bras de la Coosy se séparent du bras principal. Nous perdons ses traces en ce lieu et nous en concluons qu'il a traversé la rivière. Williams essaye de la franchir, mais l'eau est trop profonde et son éléphant, après avoir piqué une tête et rempli d'eau l'aowdah, refuse d'avancer. Williams revient. Il ordonne à deux indigènes de gagner l'autre bord à la nage et de scruter la rive opposée. Mais les berges sont garnies d'énormes crocodiles qui se chauffent au soleil. Dans l'eau, de gros marsouins, au bec en forme de lance, sautent avec bruit. Les indigènes refusent de se risquer dans ces eaux si mal fréquentées. Nous nous trouvons fort embarrassés quand une découverte vient nous tirer d'embarras. Un des chicaris, le petit Népaulais qui devait plus tard nous donner de si bons cobbers, avait, en suivant la berge de près, découvert le volcelest du tigre. Celui-ci semblait avoir tourné et hésité comme nous pendant quelque temps, puis essayé de traverser la Coosy. Mais, trouvant sans doute le courant trop rapide à cet endroit, il y avait finalement renoncé. Il avait pris son parti droit vers le nord passant entre un gros bois d'acacias et la rivière.

Nous suivons ainsi ses traces pendant de longues heures levant à chaque instant des centaines de bécassines et des quantités de gibier divers. Mais la ligne est muette, l'ordre le plus absolu observé; toutes les manœuvres faites avec une perfection admirable. On eût dit que chacun comprenait l'importance d'observer cette discipline afin de ne pas laisser échapper le gros tigre. Après avoir dépassé le bois nous eûmes une alerte. Un mahawat et un chicari placés à côté de moi se mirent tout à coup à gesticuler encriant : « Bagh! bagh! » Je regardai avec attention de tous côtés pendant qu'on formait le cercle autour de l'endroit indiqué; l'animal en question n'était qu'un malheureux petit chat tigre ne valant pas un coup de fusil. Nous reformons la ligne et marchons cette fois droit à l'ouest vers la grande Coosy où le tigre semblait se diriger et où nous avons l'espoir de trouver de l'eau. Mais nous tombons dans un immense désert de sable et nous nous hâtons de rétrograder vers la petite Coosy pour *tiffiner*. Force nous est d'abandonner la poursuite du tigre dont nous avions perdu les traces et qui semblait toujours trouver de nouvelles ressources et de nouvelles ruses pour nous échapper.

C'est le 9 mars que nous avons chassé le gros tigre pour la dernière fois. Le lendemain nous n'en avions pas eu de nouvelles et comme plusieurs de nos compagnons se trouvaient fatigués on résolut de rester au camp.

Le 11 mars, les chicaris vinrent nous dire que le tigre était en compagnie d'une tigresse et d'un petit tigre au nord-est de Bela Topoo. C'était une longue distance à parcourir sans tirer avant d'atteindre la place indiquée, mais que n'aurions-nous pas fait pour arriver à tuer ou tout au moins à voir ce bel animal? Nous chargeons nos aowdahs de provisions de toute espèce et nous nous mettons en route. Nous traversons le territoire anglais qui est complètement aride et où nous avons supporté une chaleur épouvantable. Enfin après deux heures et demie de marche *ec dendi* nous arrivons près de Bela. Nous nous formons en ligne et battons la jungle de hautes herbes vers le nord. Nous ne trouvons nulle trace du tigre, mais la jungle était superbe et le gibier y pullulait. Après quatre heures de chasse sans résultat nous déjeunons au bord de la Grande Coosy. Pendant qu'on dressait la tente du *tiffin* nous allons, Williams et moi, jusqu'à la rivière pour nous laver les mains et la tête. A notre étonnement nous trouvons sur le sable du rivage en contre-bas de la berge le volcelest tout frais du gros tigre qui, une fois encore, avait fui à notre approche. Cela nous rendit furieux. A notre retour nous mettons le feu à la jungle à divers points de notre passage de manière à empêcher le vieux tigre d'y séjourner s'il s'y cache encore. Mais il n'y était plus, car dès que le feu commença à crépiter et la fumée à s'élever, la peur le prit et lui fit oublier toute prudence. Il se leva entre le docteur et M. de Boissy qui n'avaient que du plomb dans leurs fusils. On tirait alors du menu gibier. C'était une grande imprudence à laquelle le tigre dut la vie. Dans sa frayeur, il traversa un espace découvert et quoiqu'il fût à deux cents mètres de moi je lui envoyai une balle à pointe d'acier de ma carabine 12. Il dut l'entendre siffler, car au lieu de bondir, comme d'habitude, il se rasa et disparut dans les herbes revenant au système de prudence qui lui avait si bien réussi. Quand ces Messieurs lui envoyèrent les balles après avoir rechargé leurs fusils, il était hors de vue et tous nos efforts pour le retrouver furent inutiles. Il faut le dire, nous avions perdu un temps précieux à rechercher un autre petit tigre que Williams tira. Mais enfin nous avions réussi à l'obliger à se montrer ; nous étions contents d'avoir vu ce superbe animal et d'autant plus décidés à le poursuivre que nous aurions donné tout au monde pour le faire tomber sous nos coups.

Le 12, deux tigres nous étaient signalés encore à Bela et l'on croyait que l'un des deux était notre vieux fuyard, mais on n'en était pas sûr. Nous y allâmes. Après une longue journée de chasse nous n'avions rien vu, désespérant d'être plus heureux, quand les deux bêtes se levèrent. La tigresse fut tuée mais le gros tigre échappa miraculeusement. Nous le reconnûmes très bien puisqu'après s'être montré il disparut sans qu'on eût pu le revoir de toute la journée.

Le 13, la pluie nous retint au camp et le 14 le gros tigre, bien que signalé à Bela Topoo, ne fut pas aperçu.

Le 15, ce grand fauve se trouvait rembuché dans la Sal Forest, à l'est du camp de Bobia, le long du ruisseau qui traverse la forêt. Les chicaris l'avaient vu couché dans une clairière en compagnie d'une tigresse et d'un petit tigre. Mais la jalousie des chicaris nous fit perdre beaucoup de temps et de plus ils nous placèrent mal. Nous battions le bois vers l'allée naturelle qui sépare la Sal Forest de la jungle de lianes, quand tout à coup le silence de la forêt fut troublé par les cris des éléphants, immédiatement suivis d'une détonation. Le tigre s'était laissé surprendre dans son sommeil. M. de Morès l'avait tiré à soixante mètres, mais sans l'atteindre. Aussitôt le tigre avait fui à toute vitesse sautant d'un seul bond la rivière. Mon cousin et moi l'avions tiré à cent cinquante mètres, mais les arbres sont si rapprochés les uns des autres dans cette futaie sans sous-bois que les balles sont arrêtées longtemps avant d'arriver à leur but. Un mahawat à côté de moi demanda au mien : « Qu'a fait ton Saahib ? — Oh ! rien, il a tiré le bagh et la balle est revenue aussitôt me regarder en face ! » C'était sa manière d'expliquer que la balle avait frappé un arbre en ricochant. Williams, à l'aile droite, à deux cents mètres, envoya aussi un coup de fusil au tigre qui fuyait comme le vent, mais sans résultat. Entendant une fusillade à la lisière du bois je m'y portai immédiatement et vis Madame de Morès et le Soobah Saahib qui tiraient dans un buisson où, disaiton, se trouvait un tigre. Je voyais bien quelque chose remuer mais sans pouvoir le distinguer. Madame de Morès croyant avoir affaire à un gros tigre dont elle ne voyait que la queue tira trop en avant ; bientôt la bête sortit et je lui envoyai à l'épaule une balle de paradox qui la tua raide. Le grand tigre avait disparu. La nuit, j'allais à l'affût, mais, on le verra plus loin, je ne fus pas plus heureux que dans la journée. Décidément il avait trop de chance.

Le 16, il ne fut pas signalé ; le 17 on le disait rembuché à Bela Topoo, mais nous n'en vîmes pas traces malgré notre peine et quoique nous eussions mis le feu à la jungle sur tout notre parcours. Le 18, une question de campement nous empêcha de nous occuper de lui, mais le 19 la chance qui l'avait si longtemps favorisé devait commencer à tourner contre lui.

Nous étant rendu compte la veille qu'il était impossible d'aller camper plus haut que Bobia, nous changions de camp et allions en chassant, à travers les marais de la rive droite, rejoindre nos tentes que l'on transportait à Awnogeah Ghat. Un pressentiment me le disait : nous tuerions ou nous verrions tout au moins un tigre, car nous en rapportions à chaque changement de campement.

A mon arrivée au bois d'acacias d'Awnogeah, j'aperçus le volcelest frais d'un grand tigre près des restes d'un buffle. Immédiatement j'ouvris la poursuite et signalai le fait à Williams et aux chicaris. Par malheur on continua à fusiller dans toutes les directions. En passant un petit ruisseau, son eau troublée m'apprend que le tigre venait à peine de le traverser. Aussitôt après le chef chicari, qui s'était avancé un peu trop pour suivre le volcelest, se mit à crier et à nous appeler. Le tigre, évidemment surpris, s'était levé devant lui. Quelle ne fut pas notre joie en apercevant de loin le vieux monstre que nous cherchions, et aussi notre colère contre le chicari par qui la bête avait été mise sur pied hors de portée. Le mal était fait, il fallait seulement songer à le réparer. Le bruit insolite produit par un troupeau de buffles chargeant nous apprend bientôt que le tigre vient d'être mis en fuite par ces stupides animaux. Il ne manquait plus que cela à sa honte. Tirant parti de ce renseignement utile, nous formons une grande ligne avec le peu d'éléphants que nous avions (les Népaulais transportaient leur camp à la suite du nôtre) n'occupant que les endroits fourrés et formant un demi-cercle qui se rapprochait de plus en plus de la Coosy où nous espérions forcer le tigre. Nous en étions à deux cents mètres quand le chicari placé le long de la rivière à droite fit signe au docteur qu'il voyait le tigre couché paresseusement sous un arbre. Mais le tigre l'avait vu aussi, car il se leva et partit en bondissant

devant le docteur. Celui-ci, l'apercevant à quatre-vingts mètres et
dans l'espoir de le faire charger, lui envoya une balle de 500 qui,
comme nous le vîmes plus tard avait frappé malheureusement
un peu bas sans quoi elle lui eût brisé les reins. Après le coup
de fusil le tigre avait disparu. Nous le croyions tué quand nous
le vîmes ressortir de la rivière, couvert de boue, à cinq cents
mètres de nous et traverser au galop une plaine dénudée d'environ un demi-kilomètre. Cette fuite n'augmenta pas notre estime
pour lui, et les chicaris nous dirent que jamais encore ils n'a-
vaient vu un tigre chassé et surtout chassé de près, préférer
l'eau à la charge.

Mais qu'il était beau, ce « Royal Bengal Tiger » galopant
comme un cheval de course au milieu de cette plaine, la tête
redressée et dont la grande crinière se voyait même à sept cents
mètres. Sous sa poitrine et son ventre flottait un large bourrelet
de peau, signe de son âge avancé. Nous aurions eu cependant
beaucoup à faire s'il avait seulement essayé de charger nos
éléphants, étant donnée sa force.

Nous l'avions vu rentrer dans la jungle d'acacias de l'autre
côté de la rivière et nous nous étions précipités à sa poursuite.
Mon éléphant étant assez lent, je quittai mon aowdah et saisissant
deux carabines, je me couchai dans le « bain de siège » du Népaulais qui prit ma place. Son éléphant était beaucoup plus
vite que le mien et bientôt je fus en tête de la colonne. Arrivé à la
lisière du bois nous formâmes la ligne et battîmes consciencieusement la jungle tout entière. Mais rien ne nous révéla la présence
du tigre. Nous résolûmes d'envoyer au camp chercher un renfort
d'éléphants. En attendant leur arrivée, nous nous assîmes à
l'ombre et *tiffinâmes*.

Dès que les éléphants népaulais furent arrivés, nous nous remîmes en ligne et rebattîmes la jungle d'acacias dans tous les sens. De temps en temps nous crûmes entendre le bruit d'un gros animal fuyant devant nous, mais sans jamais pouvoir distinguer si c'était notre tigre. Il semblait même cacher jusqu'à son volcelest, car nous ne pûmes pas retrouver sa trace dans la jungle après sa sortie de la rivière.

Mécontents de cette chasse pendant laquelle nos efforts avaient été sur le point d'être récompensés (bien mieux même que nous ne le supposions, puisque nous ignorions que le tigre fût blessé et qu'une différence de quelques millimètres l'avait sauvé de la mort), nous retournâmes au camp tout en cherchant encore le tigre jusque dans les moindres recoins de la jungle. Toute notre peine fut vaine. Le tigre demeura caché.

Une fois au camp nous racontâmes notre mésaventure à Madame de Morès qui n'était pas venue avec nous et à mon cousin, encore un peu souffrant. Ils rirent beaucoup de nous et louèrent l'adresse du tigre que le succès semblait toujours couronner. Mais le tigre ne devait pas être de leur avis ; il était à ce moment couché dans les herbes ; avec une balle dans le dos et une côte brisée, il ne devait pas, je suppose, se trouver à l'aise.

Au camp j'appris une bonne nouvelle. Léon était parvenu à tuer raide un superbe crocodile. Il mesurait près de neuf pieds de la tête à la queue. La tête était ornée d'un bec énorme garni de dents affilées comme des dents de scie et transparentes comme de la nacre. Sa peau était superbe surtout sous le ventre où elle était toute blanche et divisée en carrés des plus réguliers. Je le fis dépouiller par l'empailleur. Ce ne fut pas une petite affaire la peau étant dure et les Indiens en ayant peur. Cette espèce de saurien est exclusivement ichthyophage.

Le 20 mars, la chasse dans laquelle nous avions tué trois tigres nous empêcha de nous occuper de notre vieux fauve, mais nous savions à peu près où il se trouvait. Le lendemain, nous envoyâmes tous nos chicaris pour avoir un bon cobber et en finir avec lui.

Le 21, de bonne heure, les chicaris reviennent et nous affirment que le gros tigre est encore dans le bois d'acacias, en face de notre camp d'Awnogeah Ghat. Nous connaissions maintenant ce bois à fond et nous savions parfaitement l'endroit que le tigre avait dû choisir pour se cacher. Cette retraite se trouve au sud du sentier de Bela au camp. Nous prenons ce sentier ; il me sembla même reconnaître le volcelest se dirigeant au sud, mais je ne m'en occupe pas autrement, pensant que c'était dans cette direction que nous allions battre la jungle. Notre surprise fut grande lorsque après avoir discuté quelque temps, les chicaris nous placèrent de manière à battre vers le nord. Un autre incident nous fit soupçonner quelque chose. Un énorme crocodile mangeur d'hommes se trouvait le long de la berge de la rivière. D'ordinaire, les chicaris étaient toujours furieux quand, en cherchant un tigre, on tirait sur un autre gibier. Cette fois, ils nous formèrent en ligne et nous prièrent d'envoyer une volée à la bête qui roula dans l'eau où elle disparut, laissant des filets de sang sur la berge. Nous pensâmes alors que, dans l'esprit des chicaris, les coups de fusil tirés contre les crocodiles mangeurs d'hommes ne comptaient pas et n'effrayaient pas les tigres. Nous continuâmes à avancer. Bientôt nous sortîmes du bois et nous nous mîmes à marcher en ligne dans un terrain découvert où l'on aurait à peine pu cacher un lapin sur l'espace de plusieurs milles. Cette dernière manœuvre montrait trop clairement que les chicaris ne voulaient pas nous faire voir le tigre. Nous les laissâmes encore aller à leur guise quelque temps pour bien nous rendre compte de leur dessein. Ils nous firent traverser une rivière très étroite, mais très profonde, et entrèrent ensuite dans un petit bois d'acacias. Là, leur mauvais vouloir se manifesta encore davantage. Le gros capitaine Saahib les encourageait, ce que nous pûmes bientôt constater; les éléphants népaulais marchaient en files de deux ou de trois, au lieu d'être en ligne à une distance de vingt à trente mètres. Le capitaine marchait en queue. Nous leur faisions vainement des observations ; ils souriaient en faisant semblant de ne pas comprendre. Il existe un langage universel et que les nations les plus sauvages comprennent facilement : c'est le bâton. Prenant mon ombrelle à deux mains, je me mis à tomber à bras raccourcis sur tous les Népaulais qui semblaient si bien se moquer de nous. Ils reprirent aussitôt les rangs. Williams exaspéré était monté sur un petit éléphant et parcourait la ligne, frappant tous ceux qu'il rencontrait hors de leur place, les menaçant de tirer sur ceux qui refuseraient de lui obéir. Or, comme personne n'ignorait qu'il ferait comme il disait et qu'il tirait très bien, chacun reprit sa place et la ligne se trouva dans un ordre parfait sur la bordure nord du bois.

Là Williams fit venir le chef chicari Jaï et lui demanda pourquoi ses hommes s'obstinaient à ne pas nous montrer le gros tigre. Il hésita longtemps, fit des réponses évasives, et, à bout d'arguments, finit par avouer que ce tigre était un dieu, l'incarnation de Vichnou, et que celui qui essayerait de le tirer mourrait instantanément. En outre, il ajoutait que les éléphants ne mar-

chaient plus en ligne à cause des ordres formels qu'ils avaient
reçu du capitaine de chicaris d'essayer de nous rebuter. Cet
aveu nous édifia sur le compte du ventru personnage qui ne nous
avait jamais inspiré qu'une confiance médiocre. Quant à l'histoire du tigre, incarnation de Vichnou, nous répondîmes au
chicari qu'il n'en croyait rien lui-même et que la lâcheté seule
l'empêchait d'affronter un animal plus fort, mais peut-être
encore moins brave que lui.

Le coup avait porté : la fierté du chicari népaulais se réveilla ;
il nous jura que puisque telle était notre opinion, nous le verrions, ce grand tigre, et qu'alors on saurait bien qui seraient les
plus lâches des Népaulais sans armes contre un animal dont la
force n'avait pas d'égale ou des blancs munis jusqu'aux dents des
armes les plus perfectionnées. L'événement montra que, de ces
deux champions, le plus lâche fut un troisième, et ce fut le tigre.

Les chicaris résolurent donc de nous mener à l'endroit où le
tigre était rembuché. Ils auraient mieux fait de s'y prendre plus
tôt, car ils auraient évité nombre de coups de bâton à leurs com-
patriotes. Nous retraversâmes la rivière profonde et nous rebattîmes la jungle très vite jusqu'à l'endroit où le matin j'avais vu le
volcelest du tigre ; nous gagnâmes ainsi la petite rivière, près de
laquelle nous l'avions levé l'avant-veille quand le docteur l'avait
blessé. Il y a là, dans un coude étroit de la rivière, un point
où les herbes de la jungle sont très élevées et les acacias excessivement espacés. Nous étions arrivés à cet endroit, Williams et
la droite contre la rive gauche de la rivière, moi et la gauche un
peu en avant et prêts à envelopper le tigre dans la courbe de la
Coosy s'il se trouvait dans les hautes herbes. J'étais déjà presque
arrivé à fermer la boucle quand, à la droite, le cri de : « Bagh !

bagh ! » me presse d'achever mon mouvement. Le tigre n'avait plus d'autre moyen de retraite que de se jeter à l'eau, comme il l'avait fait le 19 mars. Le vieux poltron, car c'était bien lui, se leva près de Madame de Morès qui ne put le tirer. Immédiatement, se voyant coupé du côté de la terre, il résolut de franchir la rivière, ce qui lui avait déjà à peu près réussi la dernière fois. Je dis à peu près, puisque c'est là qu'il fut blessé en fuyant. Mais Williams, qui gardait la rivière, avait prévu la manœuvre et dès qu'il jugea que le tigre se préparait à prendre l'eau, il dirigea, vers la rivière, un feu bien entretenu avec toutes ses armes. Le tigre, intimidé par ce procédé auquel il ne s'attendait pas, se tenait caché sous la berge creuse. A un moment, profitant de ce que Williams rechargeait sa carabine, il fit un bond prodigieux et traversa d'un seul coup les vingt mètres de la rivière, puis il disparut dans les herbes bordant la rive opposée, salué par deux balles de 577 que Williams lui envoyait encore, mais sans beaucoup de chance de le toucher. La gauche étant accourue au bruit de la fusillade, nous nous trouvions tous au bord de la rivière, quand le tigre la franchit, et nous le suivîmes aussitôt. De l'autre côté de l'eau, la jungle était très petite et très claire. Montant un éléphant népaulais très vite et bon trotteur, je fis le tour de la jungle, limitée par un petit ruisseau, de l'autre côté duquel s'étendait une plaine de gazon aussi ras qu'un terrain de lawn-tennis. Donc le tigre ne pouvait passer par là sans être aperçu. Je ne trouvai, du reste, nulle trace de son passage dans la boue du ruisseau. Pourtant le surplus de la ligne battait consciencieusement la jungle d'où rien ne sortit : le gros tigre sembla s'être envolé. Il s'était sans doute enfoui dans la boue comme il le fit le jour où le colonel de Parseval le tua, et alors si les yeux le découvrent, par hasard. Nous battîmes tous les environs dans un cercle de plusieurs lieues sans apercevoir la moindre trace du poltron qui nous avait encore une fois échappé et dont il fallut abandonner, du moins pour ce jour-là, l'infructueuse poursuite.

Le 22 mars, le gros tigre nous fut encore signalé près de Bela Topoo. Décidément il était infatigable. Quoique la course à Bela ne nous réjouit pas du tout, car nous commencions à savoir à quoi nous en tenir sur les tigres de Bela, le désir de tuer celui-ci nous décida pourtant à nous y rendre. Tout portait à croire que cette fois-ci nous le tuerions. La jungle de Bela est entourée de lits de rivières desséchées qui forment une ceinture de sables, large en certains endroits, de plusieurs milles. Le tigre ne pouvait donc quitter l'île sans que nous le vissions. En arrivant près du village de Bela nous trouvâmes les habitants rassemblés ; ils venaient implorer notre secours contre le grand tigre, la terreur du pays. Le fauve, à sept heures du matin, avait dévoré une vache du village. A dix heures il rugissait encore dans la pointe sud de l'île, en territoire anglais. Il avait vraiment montré de l'intelligence puisqu'il avait trouvé de plus poltrons que lui. Sa taille et sa force leur en imposaient à ce point qu'ils se laissaient enlever leurs bestiaux sous leurs yeux, sans essayer de tirer ou de chasser cette lâche nature qui se donnait des airs courageux.

Les renseignements des villageois étaient précieux, et guidés par eux nous arrivâmes bientôt à l'endroit où le grand fauve avait traîné sa victime et l'avait dévorée. Nous nous formâmes en ligne, battant l'île du nord au sud, traversant les rivières qui la coupent en deux dans sa largeur, mais le tigre ne parut pas. Nous procédons à une seconde battue dans toutes les directions, mais impossible de rien trouver. Cependant je remarquai en passant la rivière transversale, dont la berge était creusée, que de nombreuses traces de tigres s'y croisaient dans tous les sens, puis prenaient le long de l'une des berges des grandes rivières desséchées. Evidemment le vieux rusé, nous entendant venir, allait jusqu'à cette rivière devant nous puis suivait le dessous de la berge, rebroussait chemin en évitant notre ligne par un des flancs. C'était la seule explication possible, car le tigre était là et nous ne pouvions le voir. Mais la nuit vint encore le favoriser ; le temps nous manquait pour prendre les dispositions nécessaires.

Le 23 nous nous reposons ; nous sommes sur les dents et les éléphants commencent à montrer de grandes plaies sur le dos, causées par le port ininterrompu de l'aowdah. Quant aux chasseurs, mon cousin, le docteur, le colonel et moi, nous souffrons un peu de l'estomac.

Tout le monde jouit du repos ; cela nous permet de terminer le courrier d'Europe qui part du camp tous les vendredis.

Le 24, le gros tigre est signalé en compagnie d'un petit commensal à qui un chicari a envoyé une balle dans la grande jungle de lianes entre notre camp d'Awnogeah Ghat et le gros village de Dewangunj. J'avais l'intention d'y aller, quoique souffrant encore un peu de l'estomac, mais je reçus du docteur l'ordre écrit de ne pas quitter le camp. Je fus obligé d'obéir bien malgré moi, car voici ce qui se passa dans cette épouvantable jungle de lianes où j'aimais pourtant à chasser.

La ligne fut formée dans l'allée naturelle qui mène de notre camp à Dewangunj, battant vers le sud. La jungle est traversée

par un ruisseau boueux et profond aux berges à pic tout entourées de vanilliers et de lianes autant d'obstacles difficiles, particulièrement désagréables à franchir. En outre on y rencontre
souvent de gros orangers sauvages qui, ne pouvant être rompus
par les éléphants, empêchent de remonter sur l'autre bord. La
ligne approchait de l'extrémité du bois et toute la droite, où se
trouvaient mon cousin et Madame de Morès, en était déjà sortie,
quand un chicari vit passer un tigre. Madame de Morès, suivie
par Henri, se précipita dans le sentier où l'on avait vu le fauve
et arriva tout près de lui ; lorsqu'elle le tira il avait disparu
derrière un arbre et sa balle ne porta pas. Mon cousin fit feu
immédiatement après elle et poursuivit le tigre à travers bois.
Il le rejoignit, car c'était le même tigre blessé d'une balle par
le chicari ; il était assez grièvement atteint ; mon cousin put alors
le tuer aisément.

Mais ce n'était pas le vieux poltron, le tigre tué n'avait que six
pieds trois pouces. On se remit en ligne dans l'autre jungle fourrée et bientôt on découvrit un buffle que le gros tigre avait à
moitié dévoré. En effet la ligne venait d'arriver à un petit ruisseau aux berges creuses quand, autour de Madame de Morès, tous
les éléphants, qui étaient très serrés, font entendre le coup de
trompette caractéristique de la présence du tigre et se refusent
à avancer. Madame de Morès était d'un côté du ruisseau que plusieurs éléphants avaient déjà traversé ; ils étaient formés en cercle
autour d'une touffe d'herbes. Tout à coup le mahawat de la marquise lui crie : « Bagh ! » en lui indiquant la touffe sous laquelle
l'énorme animal se tenait caché, prêt à bondir. L'excitation était
grande parmi les éléphants et les mahawats ; tous criaient, aucun
d'eux ne demeurait à sa place. Madame de Morès, craignant de

blesser son voisin, ne tira pas. Le tigre mit à profit le répit que lui donnait cet incident. Et comme il ne se sentait plus en sûreté dans sa cachette, il chercha un moyen d'échapper, tout prêt à s'élancer. Avisant alors près de Madame de Morès deux éléphants, séparés à peine par un espace de deux mètres, il choisit cet intervalle pour s'enfuir. Faisant un bond extraordinaire, il traversa le ruisseau, passa entre les deux éléphants presque à la hauteur de leurs mahawats, effraya les lourds pachydermes et disparut dans le fourré.

Immédiatement la ligne fut reformée en arrière et l'on recommença la poursuite, mais sans succès. Vainement Williams et M. de Morès passèrent la nuit à l'affût au-dessus du kill, le rusé poltron se douta du danger, il ne se montra pas et échappa encore cette fois.

Le 25, nous devions changer de camp, afin de nous établir près du grand village de Dewangunj. Pour y parvenir, il fallait traverser des jungles assez fourrées dans lesquelles nous nous promettions de faire un beau « general shooting ». En battant la première jungle voisine du camp, Williams découvrit le volcelest d'un grand tigre. Il le crut frais et nous quitta pour le suivre. Nous continuâmes en direction de la jungle aux lianes où, la veille, nous avions vu beaucoup de paons et d'animaux de toute espèce. Mais en y arrivant les chicaris népaulais prétendirent que le grand tigre y était et qu'il venait d'y entrer. En effet un volcelest y conduisait, mais nous commencions à nous méfier de leur habileté et de leur jugement. Comme ils voulaient une simple battue, sans que nous tirions autre chose que le tigre, et que nous n'étions venus dans ce bois que pour tirer le gibier qui y abondait, disait-on, nous ne voulûmes pas abîmer notre chasse. Nous ordonnâmes donc aux chicaris de suivre la trace du tigre sans bruit et de faire en même temps le tour du bois pour s'assurer seulement si le tigre y était encore. En les attendant, nous nous mîmes à arracher aux branches d'arbres de belles orchidées, très abondantes en cet endroit. Au bout d'une demi-heure, les chicaris revinrent nous annoncer que le tigre n'avait fait que traverser la jungle, et qu'après quelques centaines de mètres dans la plaine il s'était dirigé vers le bois où se trouvait Williams. Alors nous nous mîmes en chasse.

Williams de son côté suivait le volcelest du gros tigre, car c'était bien le même qui, sortant de la jungle où nous chassions était rentré dans celle qui était proche d'Awnogeah. Longtemps il put suivre son volcelest, fortement imprimé dans la terre humide du bois. Il reconnut tout de suite, à sa marche hésitante, le fauve qu'il avait suivi dans la nuit du 7 mars. Il tournait en rond par endroit et paraissait ne pas savoir où se diriger. Après maintes allées et venues, Williams se trouva au beau milieu de la grande jungle de lianes. Il pouvait toujours suivre le volcelest, parce que le tigre avait pris jusque-là des sentiers assez boueux. Bientôt les traces conduisent Williams dans une partie de la forêt où de grandes lianes avaient perdu leurs feuilles, et ces larges feuilles jonchaient le sol, formant comme un tapis sur lequel il était impossible de retrouver la moindre trace du grand fauve. Après de longues recherches, Williams fut obligé de renoncer à la poursuite et d'abandonner encore une fois le vieux tigre. Celui-ci avait dû fuir, comme d'habitude, à l'approche de l'éléphant de Williams, les traces étant toutes fraîches et l'éléphant ayant donné plusieurs fois des marques d'inquiétude, indication claire du voisinage du fauve.

Le 26, nous n'eûmes pas de nouvelles du vieux tigre, qui sans doute tenait à se reposer. Il ne se laissa pas même soupçonner par les chicaris envoyés à sa recherche. Du reste, nous avions d'autres tigres au rapport et autrement intéressants par leur courage, ainsi qu'on le verra plus loin.

Le 27, le gros tigre fut introuvable.

Le 28, nous rentrâmes de bonne heure d'une chasse où nous l'avions en vain cherché, d'après une très mauvaise piste. En arrivant à notre camp de Dewangunj, nous reçûmes la nouvelle que le gros tigre venait de tuer un énorme buffle et qu'il était en train de le dévorer. Quelques-uns d'entre nous proposaient sagement d'y aller à l'instant, puisque la nuit était encore loin et qu'on aurait la chance de le surprendre savourant son festin. Les autres disaient au contraire qu'il était plus sage de le laisser se gorger à fond, puisqu'il y avait longtemps qu'il n'avait tué, et qu'une fois gorgé, comme il ne pourrait s'enfuir, nous en aurions raison avec bien plus de facilité. Malheureusement, ce dernier avis prévalut. Dans l'après-midi, étant sorti à *padd-éléphant* pour tirer des oiseaux et divers animaux, je suivis une grande jungle à l'ouest de Dewangunj. J'ignorais tout à fait l'endroit où se trouvait le kill, lorsque revenant tranquillement, sans avoir tiré depuis longtemps, je remarquai tout à coup des quantités innombrables de vautours et de corbeaux, perchés sur les branches d'un hêtre gigantesque, au-dessus de ce kill. Jamais je n'avais vu pareille réunion de rapaces. Je pensai alors qu'une charogne d'une taille peu ordinaire devait attirer tous ces oiseaux de proie. Suivant la lisière est du bois, je rencontrai un petit groupe de paysans à l'air désolé. L'un d'eux paraissait encore plus effrayé que les autres. Je m'informai de son effroi.

en employant les quelques mots d'indoustani que je possède. Il se mit à parler avec une si grande volubilité, accompagnée d'une telle profusion de gestes que, même si j'avais su sa langue à fond, je n'y aurais, je crois, rien compris. Je le calmai par quelques mots bien sentis l'engageant à parler lentement. Alors il m'expliqua, autant que je pus comprendre, qu'un énorme tigre était sorti du bois par attaquer son troupeau de buffles, mais que le troupeau l'avait repoussé lentement (à ce trait je reconnus immédiatement notre vieux fauve), et que lui, le gardien de ce troupeau, croyait tout sauvé, quand le tigre, en s'en allant, aperçut le taureau, une bête énorme, seul dans un pré joignant le bois. Le poltron n'osa pas l'attaquer ouvertement. Se glissant sous bois, il s'approcha du malheureux animal qui ne se doutait de rien, tomba sur lui comme la foudre, lui déchira le cou, et quand le taureau, après une vive résistance, fut tombé à terre, le tigre victorieux chargea sa victime sur ses épaules et gagna le bois. Je demandai au propriétaire désolé du taureau où le tigre s'était retiré et je l'invitai à m'y mener, ce qu'il fit non sans quelque hésitation. Il avait vu le gros tigre, mais n'en connaissait que la force et non le caractère.

Nous arrivâmes bientôt au petit pré de forme carrée où le tigre avait abattu sa proie. C'était une espèce de gazon s'enfonçant dans le bois d'environ deux cents mètres. Près du côté sud de la forêt, du sang répandu indiquait le terrain de la lutte. Une sorte de sentier où l'herbe avait été comme roulée montrait la route suivie par le tigre emportant sa victime jetée sur ses épaules. Cette traînée menait dans le bois, sous une espèce de berceau formé de vanilliers et d'orangers sauvages. Sous ce ber-

cceau une masse énorme était étendue et les mouches bourdon-
naient à l'entour. Je descendis de mon éléphant, suivi de Léon,
ayant pris soin d'armer mon fusil chargé à balles et de me tenir
prêt en cas d'attaque. Nous nous approchâmes pour examiner la
victime. Elle était de première taille et j'ai rarement vu un aussi
beau buffle domestique. Le cou était percé de deux trous pro-
duits par les énormes crocs du fauve, par lesquels il avait aspiré
le sang de sa victime. Le tigre avait déchiqueté une partie du
flanc gauche du taureau. Ce dernier détail me donna à penser
que le vieux malin ne voulait pas se gorger outre mesure; s'il
avait eu cette intention, il se serait contenté de sucer le sang du
buffle pendant qu'il était chaud et le lendemain il serait revenu
manger la chair. Mais le fait d'avoir ainsi festiné me prou-
vait qu'il n'avait nulle intention de revenir. Cette bête était
trop prudente pour ainsi se risquer. Lorsque le tigre est repu
sa seule défense consiste à charger et il n'en avait certes pas
l'envie.

Les chicaris étaient déjà en faction tout autour du bois pour
empêcher le tigre de sortir, du moins sans qu'il fut vu et suivi
par eux dans sa retraite. Nous quittâmes donc le kill et nous
regagnâmes le camp sans tirer près de cet endroit. Je promis
au propriétaire du taureau qu'il serait vengé de son ennemi et
quelques culots de cartouches en cuivre accompagnés d'un peu
de *bakchich* dissipèrent complètement son chagrin.

Je rentrai au camp où je trouvai Williams à qui je racontai
notre expédition. Il commença par me reprocher d'avoir pénétré
là où le tigre était rembuché, mais il n'insista plus quand je lui
eus expliqué que le hasard m'y avait conduit et que, du reste,
je n'avais pas tiré dans les environs du kill. Je lui fis part de mes

observations et de mes soupçons sur la conduite du tigre. Williams les déclara fondés et la chasse du lendemain les justifia de tout point.

Le 29, les chicaris vinrent au camp de Dewangunj nous annoncer que le gros tigre était toujours dans la jungle aux grandes lianes et qu'il n'avait pas bougé de la nuit. Nous étions tous enchantés. Chacun disait que, suivant ses prévisions, le fauve avait l'intention de se gorger et qu'ainsi on aurait raison de lui sans qu'il pût s'échapper. Je me demandais aussi s'ils ne voyaient pas juste en pensant au bœuf et au cheval que le même animal avait tués quelques jours plus tôt dans les mêmes parages. Dans cette circonstance il avait tué, fait son repas, filé aussitôt sans qu'on le revît. Peut-être, me disai-je, a-t-il quitté la jungle avant que les chicaris aient eu le temps de l'entourer et, dans ce cas, ce serait peine perdue de se fatiguer dans cette jungle que je commençais à connaître à fond.

Nous allâmes nous placer à la pointe de la jungle de lianes là où elle se rapproche le plus de la jungle des ronciers. Nous nous mîmes en ligne de manière à battre vers le nord, car dans cette direction le tigre ne pourrait que soit gagner la Sal Forest où quelques chicaris étaient postés pour garder le passage, soit sortir en plaine. Il était en effet évident qu'il n'aurait jamais le courage de charger. La ligne était dirigée à gauche par Williams ayant à sa gauche Madame de Morès. A la droite se trouvaient M. de Boissy, mon cousin, le docteur et moi. On avait placé M. de Morès au centre. Il devait surveiller le capitaine Saahib à qui nous voulions faire payer son mauvais vouloir des derniers jours par quelque amusement dans le genre d'une promenade à padd-éléphant au travers des ronces et des lianes, où son gros ventre aurait beaucoup de peine à passer. Je m'étais mis à la droite parce que j'avais remarqué que le petit ruisseau qui traverse la jungle suit presque tout le temps la lisière est, et que, d'après mes observations, le vieux tigre recherchait les lits de rivière où il se cachait volontiers dans la boue ou fuyait sans être vu à l'abri des berges creuses et recouvertes de hautes herbes.

Quand le signal du départ fut donné, je suivis la petite rivière qui, à cet endoit, est peu profonde et forme une espèce de route. Je n'eus même pas à mettre le coukri à la main. Bientôt j'aperçus le volcelest de notre timide ennemi. Mais, chose curieuse, une voie semblait remonter le ruisseau et l'aütre la descendre, chacune sur une rive de la rivière boueuse. Il s'agissait de savoir laquelle était la plus fraîche. Naturellement j'inclinai pour celle qui allait dans le sens où nous battions. Je supposai que l'animal avait eu l'intention de sortir de la jungle par l'extrémité sud mais que le bruit de nos éléphants l'en avait empêché et qu'il avait rebroussé chemin, fuyant une fois de plus devant nous. La rivière étant bientôt devenue impraticable, je fus obligé d'en quitter le lit et de m'aventurer sous bois, mais comme ce genre d'exercice ne me divertissait guère, je pris à droite et gagnai la lisière est. Je montais un petit éléphant des plus adroits, mais seulement de moyenne force ; il ne pouvait casser les arbres qu'avec difficulté. Nous étions donc obligés de les éviter et de passer entre eux. Malheureusement l'intervalle entre deux troncs est obstrué par des lianes de toutes espèces et de toutes grandeurs, de sorte que je devais presque toujours, le coukri à la main, faire le chemin à l'éléphant, tandis qu'il aurait dû, lui, me frayer un passage. Je renonçai donc bientôt à cette navigation et mis le cap à l'est pour sortir de ce fouillis.

Arrivé à la lisière je vis que je n'étais pas le seul que les
« creepers » avaient ennuyé. M. de Boissy qui montait le fameux
éléphant du colonel s'était aussi dispensé de cheminer trop longtemps dans cet enfer. Il s'était prudemment retiré et du reste
l'éléphant qu'il montait et le mahawat qui le conduisait l'excu-
saient bien assez. L'éléphant en lui-même n'était pas mauvais,
mais le mahawat, le plus sot de son espèce, menait son éléphant
tout de travers, le conduisant au milieu des pires endroits sans
jamais s'occuper des branches capables d'écorcher le chasseur
placé dans son aowdah ni même lui donner le temps de les
couper s'il voulait les éviter. En outre, il ne pouvait se tenir
en ligne. En plaine, il était quelquefois en avant et plus souvent
en arrière des autres. Sous bois, sa peur du tigre était telle
qu'il se mettait toujours derrière un autre éléphant qui lui ouvrait
le chemin et le protégeait en cas d'attaque. C'était donc sur ce
noble coursier que M. de Boissy se trouvait monté. Aussi tout
explique son peu d'entrain à entrer en pleine jungle. Nous nous
mîmes tous deux à fumer tranquillement notre pipe et à discuter
les chances de salut du tigre. Car, en définitive, si ce fauve
n'avait pas été si craintif, rien de plus facile alors pour lui que de
forcer la ligne ainsi dégarnie de deux tireurs et dont les rabatteurs marchaient certainement les uns derrière les autres. Mais
la lâcheté du tigre ne lui permettait aucune réflexion. Il nous avait
entendus entrer dans la jungle ; il était donc plus prudent pour
lui de se dissimuler, de se tenir à une distance respectable des
fusils dont il avait déjà pu apprécier la portée quelques jours
auparavant.

La battue marchait très lentement et nous avions tout le temps
de nous arrêter de loin en loin pour attendre les autres. Nous

nous amusions beaucoup à regarder les singes sauter d'arbre en arbre en se suspendant par leur longue queue. Ils paraissaient suivre la battue avec grand intérêt. Ils essayaient même de faire souvent des farces aux rabatteurs : de temps en temps je les voyais arracher des fruits aux arbres et les lancer sur les éléphants puis s'enfuir en riant bruyamment. Sur la bordure du bois nous voyions apparaître de temps en temps la tête poltronne d'un chacal s'en allant au petit pas, la queue entre les jambes et la tête basse, comme s'il était encore poursuivi par l'âme du dernier Indou qu'il a contribué à dévorer.

Mais tous ces animaux n'annonçaient nullement la présence du tigre. A ce que nous entendions dire près de nous, son volcelest suivait toujours la rivière et l'on semblait s'attendre à le voir bondir d'un moment à l'autre. Pourtant cet avis n'était pas unanime, car nous fûmes bientôt rejoints par mon cousin Henri, fatigué lui aussi de battre en vain cette jungle impénétrable. Nous nous amusions tous trois à regarder de loin nos trois autres compagnons se donner une peine infinie au milieu des lianes tandis que nous fumions tranquillement assis au fond de nos aowdahs à l'abri de nos ombrelles. Tout à coup nous vîmes le gros capitaine sortir du bois tout essoufflé et se diriger vers nous. Il assurait que le tigre était tout près et qu'en rentrant sous bois nous serions sûrs de le voir dans quelques instants ; il offrait même de nous conduire, à la condition que je partagerais avec lui mon aowdah. Je compris vite que ce gros homme mentait ; qu'il avait quitté le bois où nous l'avions envoyé en punition sous le prétexte de nous donner un renseignement faux ; qu'il avait un grand désir de monter dans un aowdah et de quitter son padd dont il commençait à se fatiguer. Pour m'en assurer je lui dis

que mon aowdah est plein, mais que s'il veut nous précéder sur
son padd-éléphant nous le suivrons avec plaisir. Il refuse et nous
ne nous occupons plus de lui, ce qui le mortifie beaucoup. Il est
ainsi forcé de continuer sur son padd-éléphant et cela lui déplaît
visiblement.

Nous parvenons jusqu'au kill. Là tous les arbres étaient littéralement chargés de vautours qui semblaient attendre une proie ;
tous étaient perchés et regardaient à terre avec un œil d'envie qui
n'était pas non plus exempt d'inquiétude. Nous crûmes un instant
que le tigre était peut-être revenu à son kill et qu'il se repaissait
du buffle. Les vautours attendaient sans doute même que le monarque s'en allât pour dévorer les restes de son repas. Immédiatement nous prîmes nos fusils et nous nous mîmes en mesure de
punir le tigre de son impudence. Nous résolûmes d'entrer doucement sous bois un peu avant le kill et de nous mettre tous les trois
en ligne afin de marcher sur le tigre qui serait alors forcé de se
montrer en sautant la rivière, car en face se trouvait le petit pré
enclavé dans la jungle où, la veille, le tigre avait tué le taureau.
Nous nous mîmes donc à la file, M. de Boissy marchait en tête :
tout à coup son éléphant sonne la trompette de l'inquiétude, se retourne vers nous et s'enfuit vers la plaine, entraînant nos éléphants
dans sa fuite. Nous croyons d'abord que le tigre, surpris dans son
festin, a essayé de charger et que ce faible essai a effrayé l'éléphant monté par M. de Boissy. Nous nous tenons prêts à lui envoyer
une décharge. Mais notre étonnement devient de la stupéfaction
quand nous découvrons enfin l'animal cause de cette déroute et
qui n'est qu'un affreux vautour. Cette ignoble bête était tellement gorgée qu'elle ne pouvait s'envoler ; elle courait les ailes
déployées en sortant du bois, lorsqu'elle s'était trouvée en face

de l'éléphant qui en la voyant ainsi charger avait fait un tête-à-queue et s'était enfui. Quand nous fûmes arrêtés en plaine nous attendîmes le vautour qui courait toujours les ailes ouvertes, mais aucun de nos éléphants ne put supporter la vue de ce mangeur de charogne, et tous trois tournèrent encore en faisant entendre leurs cris d'inquiétude. Il fut impossible aux mahawats de les faire arriver près de l'oiseau qui, après de très grands efforts et une course des plus ridicules, finit par s'envoler lourdement.

Cet incident nous divertit agréablement et nous fûmes fort étonnés de la stupidité de ces éléphants, d'ordinaire si intelligents. Nous avions presque oublié le tigre. Peut-être les éléphants l'avaient-ils senti et peut-être aussi l'impression ressentie par leur odorat avait-elle troublé leur vue. Quand ils se furent un peu remis de leur émotion nous rentrâmes dans le bois et cette fois rien ne nous arrêta, nous avançâmes doucement et sans bruit jusqu'au kill que nous entourâmes avec soin. Mais, à notre grand désappointement, le tigre n'y était plus et peut-être n'y était-il pas revenu depuis la veille comme je l'avais supposé. Ce point eût été très difficile à déterminer, car les vautours avaient déjà commencé à déchiqueter la carcasse du taureau. Les plus forts étaient à l'œuvre et les faibles attendaient que les forts fussent gorgés pour venir à leur tour se rassasier des restes de la victime.

A la suite de cet essai infructueux nous nous tînmes prudemment à la lisière du bois sans prendre aucune peine pour poursuivre la chasse que nous regardions comme absolument perdue ce jour-là. La première jungle franchie, il y eut conseil ; les chicaris prétendaient voir le volcelest du tigre continuant dans la jungle suivante. On se remit donc en ligne et on rebattit la partie qui se trouve juste à l'est du camp de Awnogeah Ghat. Inutile de dire que notre trio se dispensa encore de cette marche et que nous nous postâmes simplement à l'extrémité nord du bois pour nous faire rabattre le gibier ; mais le tigre ne parut point et les paons effrayés troublaient seuls de leurs cris désagréables la solitude de la jungle.

On reconnut, mais un peu tard, que le tigre n'avait jamais séjourné dans cette jungle et qu'après avoir tué le taureau et en avoir dévoré une petite partie il avait parcouru la jungle dans sa longueur en suivant le lit de la rivière. Le bruit du camp l'avait sans doute effrayé et il avait rebroussé chemin doublant ses voies dans le ruisseau. Il avait traversé les deux jungles et était venu sortir de la seconde presque en face de Awnogeah Ghat où il avait passé la Coosy. Il était un peu tard pour s'en apercevoir et les chicaris auraient pu mieux faire le bois et ne pas nous exposer si souvent à de pareils buissons creux. Ce n'était plus du reste le moment de rechercher le tigre de l'autre côté de la Coosy et la poursuite fut remise au lendemain.

Le 30, nous quittâmes Dewangunj de bonne heure avec tout notre camp qui allait se fixer à Awnogeah Ghat. C'était de bon augure pour moi et j'étais sûr que l'on tuerait un tigre. En effet, après avoir traversé la Coosy et cherché en vain le gros fauve dans la jungle d'acacias, nous retrouvâmes sa trace dans les marais au nord de ce bois et le colonel de Parseval eut l'honneur de le tirer dans les circonstances que j'ai racontées dans le chapitre précédent. Ce grand fauve qui était doué d'une force extraordinaire, mourut comme il avait toujours vécu : il mourut en lâche ! Il avait fui devant notre ligne, et, comme dernière ressource, au lieu de charger, il s'était à moitié enfoui dans la boue du marais. Il ne poussa même pas un grognement quand il fut tiré et on n'eût jamais dit en le voyant mourir que ce même tigre tuait des taureaux deux fois plus gros que lui et les emportait sans aucune peine sur les épaules. Ce fut dans la nuit du 6 au 7 mars qu'il nous apparut pour la première fois, depuis cette date il ne se passa guère de chasse sans que nous le poursuivîmes et constamment, jusqu'au 30 mars, sa lâcheté et ses ruses le sauvèrent. On peut même le dire, durant ces chasses il n'y en eut pour ainsi dire aucune où nous ne prîmes force précautions pour arriver à portée de le voir, ce qui se présenta plus fréquemment que les occasions de le tirer.

J'ai raconté en détail l'histoire de la chasse de ce tigre la tenant pour l'exemple le plus frappant de la pusillanimité d'un animal aussi fort. Sa lâcheté ne s'était pas démentie une seule fois pendant vingt-trois jours d'une poursuite presque continue. Mais l'exemple de ce tigre n'est pas le seul que nous puissions citer. Au cours de notre expédition, fort souvent nous avons eu devant nous des tigres qui fuyaient comme des lièvres et qui nous obligeaient à fournir une course au clocher pour arriver à les joindre et à les tirer. A l'appui de ce que j'avance, je ne citerai qu'un seul cas.

C'était le 31 mars, le lendemain du jour où nous venions de triompher du grand tigre. Nous étions campés à Awnogeah Ghat et absolument convaincus qu'après avoir tué le roi des tigres tout nous réussirait. Les chicaris nous apportèrent le cobber d'un tigre et d'une tigresse aux environs de Bela Topoo. Le tigre, disaient-ils, était aussi gros que celui qui avait été tué la veille par le colonel. Bela Topoo? ce nom seul nous eût fait bâiller jadis.

Nous aurions au moins hésité longtemps avant de nous décider à faire une si longue course, mais rien ne semblait au-dessus de nos forces. Nous partîmes donc gaillardement pour les terribles sables de l'île de Bela, que le lecteur doit commencer à connaître. Le chemin, quoique traversant des plaines arides et brûlées, nous parut vert et riant et nous arrivâmes à l'extrémité nord de Bela Topoo sans nous être aperçus de la longueur de la route. Là, nous vîmes parfaitement marqués sur le sable humide de la grande Coosy, les volcelest d'un grand tigre et de sa compagne. Ils semblaient tout frais et menaient franchement dans l'île après un crochet vers la Coosy où, sans doute, les fauves s'étaient désaltérés.

Le vent soufflait du sud-ouest, nous étions donc admirablement placés pour battre l'île en descendant vers le sud. Nous nous mîmes en ligne et ouvrîmes de grands yeux pour apercevoir les tigres. Nous pensions les trouver à quelques pas de la rentrée. Notre attention était tenue en éveil par des alertes continuelles. A chaque instant un gros sanglier chargeait à fond la ligne des éléphants, qui reculaient épouvantés, trompettant de toutes leurs forces et nous faisant croire que le tigre essayait de forcer. D'autres fois, un mouvement d'ondulation lente, mais très accentuée, se produisait dans les hautes herbes et l'on pouvait y reconnaître qu'un gros animal fuyait lentement devant nous. A sa démarche, on eût juré que c'était un tigre cherchant à éviter notre ligne, car par moments le mouvement cessait et reprenait inopinément. Nous ouvrions l'œil et, nous rapprochant, nous nous attendions à chaque instant à voir bondir un tigre ; tous les fusils étaient prêts à faire feu. Une grosse masse noire sortait des herbes et se retournait un instant pour nous regarder de ses grands yeux bêtes. C'était un buffle !

Toutes ces petites émotions nous tenaient sur nos gardes Bientôt nous retrouvâmes le volcelest du couple félin et près de là l'endroit où il s'était couché après avoir dévoré un cerf. Les tigres venaient de quitter la place il y avait à peine dix minutes, car les herbes fraîchement foulées n'avaient pas encore repris leur direction naturelle. Nous commencions à nous demander si l'un de ces tigres, aux manières timides, n'était pas le frère de celui que nous avions tué la veille : en tout cas, il en avait toutes les allures. Nous suivîmes son volcelest au travers de l'île de Bela. Le tigre et la tigresse n'avaient pas une très grande avance et d'une minute à l'autre on pouvait s'attendre à les voir fuir. Au sud de Bela, nous fûmes assez désappointés en constatant que leur voie traversait la rivière desséchée à l'ouest de l'île. Ils avaient suivi une sorte de ravin creusé dans le sable et avaient filé sans être vus en franchissant un banc de près de cinq cents mètres. Cette poltronnerie eut pour effet de nous mettre de mauvaise humeur et nous regardions déjà les tigres comme les derniers des animaux pour le courage lorsque, comble de malheur! la voie de nos fauves sembla remonter droit au nord vers Swamp Town. Nous ne prêtâmes plus la moindre attention à la chasse, qui dégénérait en une course dans laquelle les tigres avaient l'avantage de l'avance et de la vitesse. Nous remontâmes ainsi jusqu'au nord de Swamp Town, et là nous perdîmes d'abord les traces de la tigresse puis bientôt après celles du tigre. Il ne nous avait pas été possible de les apercevoir une seule fois pendant cette chasse de près de cinq heures, durant laquelle nous avions pourtant traversé des terrains de tout genre.

Ces deux exemples prouvent d'une manière assez claire ce

me semble, que le tigre n'est généralement pas porté à attaquer les chasseurs. Je pourrais en donner beaucoup d'autres, si je ne craignais de fatiguer le lecteur, de dénigrer le tigre plus que de raison et d'ôter à la chasse de cet animal tout semblant de danger, ce qui du reste serait absolument faux.

Au surplus nous allons voir, dans les chapitres suivants, les différentes circonstances dans lesquelles il ne recule devant aucun obstacle pour attaquer les chasseurs.

CHAPITRE III

Les personnes qui ont chassé le tigre vous diront souvent que
dès qu'il a été frappé par une balle il pousse un formidable rugissement et se précipite sur l'imprudent qui n'a pas eu l'adresse de
le tuer raide. Cependant, je ne puis donner cette manière d'accu-
ser le coup comme une règle générale, mais simplement comme
un fait très fréquent.

Un tigre se lève-t-il devant une ligne d'éléphants, son premier mouvement est de fuir. Mais, si dans sa fuite il reçoit une
balle mortelle, avant qu'il soit loin il rugit, se retourne vers la
ligne et, s'il en a encore la force, se précipite sur le premier éléphant ou le premier homme qu'il rencontre. Il est alors excessivement dangereux. S'il est très fort, il saute à la trompe d'un
éléphant et le renverse après une courte lutte; on peut juger de
la situation d'un chasseur dans son aowdah quand la masse
énorme de sa monture perd l'équilibre et s'abat lourdement à
terre. Si le fauve n'est pas assez fort pour terrasser l'éléphant, il
se jette sur la bête et lui déchire la trompe et les oreilles. L'élé-

phant essaye alors de se mettre à genoux pour écraser son ennemi
en appuyant sa tête contre le sol. La position de l'aowdah est
également très scabreuse dans cet essai de culbute exécuté par
le pachyderme. Quelquefois aussi l'éléphant fait un tête-à-queue
et le tigre se jette sur sa croupe. La situation n'en est pas moins
mauvaise, car l'éléphant fuit alors au galop au risque de projeter le
chasseur hors de l'aowdah. La lutte a-t-elle lieu sous bois, on peut
tenir pour certain que l'aowdah sera mis en pièces et le chasseur
aura beaucoup de chance s'il n'est pas broyé par les branches qui
auront brisé son aowdah. Ce qu'il y a de plus terrible dans ces
trois cas, c'est qu'il est matériellement impossible de tirer. Dans
le premier, le tigre étant sur la trompe de l'éléphant, la tête de
la monture empêche même de le voir. Dans le second, le
mahawat gêne pour tirer et l'on ne pourrait toucher le tigre
sans que la balle ne risque de blesser et même de tuer l'éléphant ou son conducteur. De plus, l'éléphant se livre à de si
violentes secousses en cherchant à se débarrasser de son incom-
mode assaillant, qu'il devient impossible au chasseur de tirer
droit. Quand le tigre se jette sur la croupe de l'éléphant et que
celui-ci s'enfuit, il est encore plus impossible de tirer; alors, on
se trouve tellement secoué que l'on ne peut que se cramponner à
l'aowdah. Quelques personnes disent qu'un pistolet de fort
calibre est indispensable pour chasser en aowdah, à cause des
charges du tigre. Je ne le crois pas en ayant fait moi-même l'expérience. Quand le tigre est assez près du chasseur pour l'empêcher
de se servir du fusil, il ne peut pas davantage user d'un pistolet.

La seconde fois que nous rencontrâmes un tigre dans notre
expédition de chasse au Teraï népaulais, nous eûmes une véritable bataille qui vaut la peine d'être racontée.

Deux jours après la mort de la première tigresse, les Népaulais nous ramenèrent dans la même jungle d'acacias, à l'ouest du camp de Awnogeah Ghat. Il y avait, dans cette jungle, un autre tigre, à ce qu'ils prétendaient. Nous y allâmes et trouvâmes, en effet, des marques toutes fraîches du passage d'un grand fauve. Nous étions alors absolument novices dans l'art de chasser le tigre et nous crûmes que la bête, qui venait de passer, ne devait pas être sortie du bois et que nous la trouverions aisément. Toujours heureux de tromper quelqu'un, les Népaulais, nous laissèrent toutes nos illusions. Ils nous firent battre et rebattre le bois sans que le tigre se fût montré. Beaucoup de cerfs, de sangliers et de paons nous partaient sous les pieds. Étant au début de notre chasse, nous mourions d'envie de les tirer; cependant, nous ne brûlâmes pas une cartouche en battant cette jungle giboyeuse et bien nous en prit. Nous rebattions la jungle vers le nord, quand, à peu près au milieu du côté ouest, on aperçut le tigre de très loin se faufilant à travers les troncs d'acacias et gagnant les hautes herbes. Immédiatement, nous fîmes une conversion et avançâmes rapidement vers l'endroit où la bête avait disparu dans les herbes. Le duc de Montrose était à l'extrême gauche; je me trouvais à sa droite et à la gauche de mon cousin Henri. A la droite se trouvaient M. Williams, Madame de Morès et M. de Morès. Le colonel, le docteur et M. de Boissy formaient le centre. Nous n'avions pas encore fait cent mètres que les éléphants annoncèrent par leurs cris la présence du tigre. Nous fîmes encore quelques pas et le tigre se leva en face du duc de Montrose, venant vers moi. Le duc lui envoya une balle de 500, mais ne put redoubler, parce que la bête disparut derrière des herbes épaisses. Bientôt je la vis qui venait sur moi : je

lui envoyai deux balles de 577 ; à la deuxième, elle tomba, rugit,
puis se releva et vint à la charge sur mon éléphant ; je lui envoyai
alors deux coups de paradox, mais mon éléphant ne pouvait plus
se tenir en place et il m'était impossible de la viser ; mes deux
balles la manquèrent. Heureusement, j'avais dans mon aowdah
une carabine de petit calibre 360 pour tirer les cerfs. Je la saisis
et fis feu à quinze pas sur le tigre qui, sans doute, ne trouva pas
le petit lingot de plomb très agréable, puisqu'il renonça à charger
et tourna vers mon cousin qui le tira et lui fit une nouvelle blessure. Alors le tigre entra dans des herbes excessivement hautes
qui le rendaient invisible et passa devant le reste de la ligne
qui tira sur lui au jugé d'après le mouvement de ces herbes. A la
droite, Williams le blessa grièvement, puisque, au lieu de continuer sa retraite, il revint en rugissant droit sur la ligne. Apercevant un petit éléphant près de Williams, il lui sauta sur la
tête, lui laboura le front et la trompe, de ses dents et de ses
griffes, mais heureusement sans atteindre le mahawat. Celui-ci,
presque un enfant, ne perdit pas son sang-froid, empoigna à deux
mains le lourd crochet de fer avec lequel on dirige et corrige les
éléphants, et se mit à frapper à tour de bras sur la tête du tigre
qui finit par lâcher prise et tomba à terre. Aussitôt sur ses
pattes, il s'élance alors vers l'éléphant de Williams. Mais, avant
qu'il eût bondi, une balle à l'épaule l'arrêta. Il tomba sur le côté,
poussa encore des rugissements épouvantables qui effrayaient
nos éléphants, déjà rangés en cercle autour du tigre mourant.
Madame de Morès lui envoya une dernière balle explosible qui
termina son agonie. Il mesurait huit pieds sept pouces et avait
une très jolie peau. Le duc de Montrose avait mis la première
balle ; ce fut à lui que revint l'honneur de compter au nombre de

ses succès ce beau tigre qui s'était vraiment montré digne de son nom de roi de la jungle. Nous étions tous très contents d'avoir vu un tigre charger. Aussi nous réjouissions-nous beaucoup qu'il eût été tué par le duc, qui nous quitta presque aussitôt. C'était, en effet, la seule bête qu'il eut l'occasion de tuer pendant son voyage aux Indes.

Du reste, on se le rappelle peut-être, la première tigresse tombée sous ma balle avait aussi chargé. Après la première balle qui l'avait traversée un peu trop en arrière de l'épaule, elle s'était retournée vers moi chargeant droit sur mon éléphant, quand ma seconde balle, coupant une branche au-dessus de sa tête, lui avait fait prendre la fuite. C'est un fait assez curieux que, même quand un tigre charge à fond, un coup de fusil peut le détourner, l'arrêter ou lui faire prendre la fuite sans même l'avoir blessé. C'est pourquoi si un tigre charge, il faut toujours tirer, n'eût-on que de la cendrée dans son fusil ; l'effet moral de la détonation pouvant suffire à l'arrêter.

Le 20 mars, à la chasse où nous tuâmes trois tigres, le premier que je tuai me chargea. Je l'avais blessé avec ma carabine calibre 10 et il ne pouvait pas avancer très vite. Cependant, quand je m'approchai de l'endroit où il était tombé, il se releva, s'élança dans un dernier effort et bondit la gueule ouverte vers mon éléphant qui, du reste, ne bougea pas. Profitant de ce qu'il m'offrait une belle cible en ouvrant la gueule, et ne voulant pas abîmer la peau, je lui envoyai une balle explosible de 16 qui, pénétrant dans la gorge, lui broya le cou en éclatant et termina ses souffrances.

Vers la fin de la chasse, un cas analogue se produisit. C'était le 20 mars. Nous chassions dans la Sal Forest, le long d'une *nallah*[1] assez profonde et très boueuse. Mon cousin et moi nous étions sur la rive gauche de cette nallah et le reste de notre compagnie sur la rive droite. On nous avait dit qu'une tigresse et quatre petits s'étaient fixés dans ce ravin, mais nous ne pensions déjà plus à la tigresse et à sa famille, que nous avions cherchées inutilement toute la matinée. Nous revenions en fumant le long de la nallah, fort en arrière de la droite, lorsque nous entendîmes quelque chose courir vivement au dedans, venir vers nous, et ayant l'air de fuir la ligne des chasseurs qui l'avait déjà dépassé. Nous nous arrêtâmes pour voir ce que c'était, nous attendant à chaque instant à voir un sanglier ou un cerf sortir de la boue du ravin. Mais bientôt le cri de : « Bagh ! » partit tout autour de nous. Au même moment, nous vîmes, en effet, une forte tigresse sauter sur la rive droite et disparaître au milieu des grands troncs serrés de la forêt. J'aurais pu la tirer au moment où elle franchit la berge de la nallah, si je n'avais craint que de la blesser ou de l'effrayer. Nous nous mîmes immédiatement à sa poursuite, mon cousin et moi, en faisant prévenir le reste de la ligne derrière laquelle la tigresse venait de passer. Bientôt mon cousin l'eut rejointe, mais elle chargea son éléphant qui eut peur et s'enfuit sans lui permettre de tirer, car le fauve avait filé. J'aurais pu lui envoyer une balle, mais il était encore assez loin et j'espérais pouvoir le rejoindre. Il fuyait lentement entre les arbres de la Sal Forest. Comme il n'y a pas le moindre sous-bois, on pouvait parfaitement le voir apparaître de temps en temps derrière les troncs rapprochés des arbres. Mais, bien que d'une allure très lente, il conservait toujours une avance de cent vingt à cent trente

---

1. Sorte de ravin profond en terrain plat produit par l'écoulement des eaux pendant la saison des pluies.

mètres que nous ne pouvions rattrapper. Mon cousin, impatienté, lui envoya bientôt deux coups de 577 ; l'une de ses balles lui perça la patte, ce qui l'arrêta un moment, mais aussitôt après il repartit au galop et disparut dans la nallah.

Mon cousin et moi fûmes alors rejoints par Williams. A nous trois, aidés de quelques chicaris, nous formâmes une petite ligne et franchîmes la nallah à la suite de la tigresse. En face de l'endroit où elle avait traversé se trouvait une espèce de clairière avec de hautes herbes, cette sorte d'herbe des pampas que les tigres aiment et fréquentent tant. Comme tout nous faisait supposer que la tigresse se trouvait cachée dans ces grandes herbes, nous nous mîmes du côté de la nallah et envoyâmes les chicaris de l'autre côté pour nous faire rabattre la clairière, dans l'espoir que la tigresse tâcherait de gagner la nallah où nous l'avions d'abord trouvée. Mais en vain les chicaris battirent les herbes : rien ne remua. Nous y entrâmes alors nous-mêmes pour aller à une autre clairière qui était à quelques centaines de mètres plus haut.

A ce moment, un rugissement partit du milieu de la clairière, et la tigresse arriva la gueule ouverte et les yeux enflammés sur mon cousin et sur moi qui causions ensemble. Je n'eus que le temps de prendre mon paradox et de lui envoyer une balle ; elle n'était alors qu'à quelques mètres de nos éléphants. Ma balle la fit culbuter et arrêta sa charge ; elle se releva pourtant et se traîna encore sur une longueur de vingt mètres dans les herbes, malgré nos coups de fusil. A la vérité, l'éléphant de mon cousin avait été un peu effrayé de cette charge et ses mouvements désordonnés empêchaient Henri de bien viser. Williams l'acheva à quelques pas d'une balle de 12 dans le cou. On trouva ensuite

que ma balle, après avoir broyé l'épine dorsale, avait coupé le
cœur en deux et s'était logée sous la peau ayant traversé
l'épaule. Et pourtant la tigresse avait fait vingt mètres. Allez
donc tirer à pied et à découvert un tigre qui vous charge :
vous pourrez avoir tout votre sang-froid, bien viser et lui traverser le cœur, mais l'animal trouvera encore assez de force pour
arriver jusqu'à vous et vous tuer avant de mourir lui-même.

Le tigre ne charge pas seulement quand il est blessé. Ainsi,
dit-on, un tigre surpris sur le *kill* charge habituellement, mais
ce cas, nous ne l'avons pas constaté, tout au contraire. Le 6 avril,
j'ai tué un gros tigre de neuf pieds huit pouces. Nous l'avions
surpris pendant son festin et il fuyait aussi vite qu'on le peut
après un très bon déjeuner. Ce qui est absolument vrai, c'est
que les tigresses qui ont des jeunes et qui sont pressées de
trop près, chargent presque toujours pour défendre leurs petits
et faire une diversion qui leur permette de fuir aisément ; dans
ce cas, l'amour maternel des tigresses n'est pas trop exagéré,
quoique leur courage ne se montre pas invariablement à l'approche du danger.

Nous eûmes un très bel exemple de tigresse chargeant pour
défendre ses petits. C'était le 26 mars ; nous étions campés près
du gros village de Dewangunj. La veille nous avions encore cherché en vain le fameux gros tigre qui nous avait tant occupés. Le
matin, de très bonne heure, les chicaris vinrent nous dire qu'une
tigresse avait été vue près du village et qu'elle était entrée
dans une petite jungle au sud de notre camp, non loin de la frontière anglaise. Nous partîmes enchantés et traversâmes d'abord
la petite rivière qui longe la jungle. Là, nous trouvâmes des chicaris en faction sur les cîmes des arbres. Ils nous annoncèrent

que la tigresse n'avait pas bougé. Nous nous formâmes dans l'allée qui sépare en deux la jungle de ronces ; la tigresse étant dans la partie sud, nous devions marcher droit vers l'est. Williams et Madame de Morès étaient à droite avec M. de Morès et de Boissy. Je formais le centre, ayant à ma gauche mon cousin Henri, le colonel de Parseval et le docteur. Le signal fut donné et tous ensemble nous pénétrâmes dans la jungle. Mais, hélas, quelle jungle ! On eût dit un de ces ronciers inextricables qui poussent dans les jeunes taillis et où les sangliers aiment tant à se bauger. Seulement, le roncier avait huit pieds de haut et il était fait de plants d'acacias touffus et minces, reliés ensemble par des lianes épineuses. C'était au milieu de ce fouillis hérissé de pointes, que nous devions avancer en un rang serré et sans perdre l'alignement. Mais l'élasticité du fourré rendait les buissons très difficiles à briser pour les éléphants. Généralement ces intelligentes bêtes, après un essai infructueux, se reculaient pour prendre leur élan, puis se jetaient de toutes leurs forces sur ces immenses ronciers, arrachant lianes, branches épineuses et arbres, et arrivant à faire un trou et un passage dans le buisson. Par malheur tous les éléphants n'y parvenaient pas et beaucoup suivaient le sentier frayé par le passage d'un camarade. Aussi n'avancions-nous que très lentement et sans conserver la ligne, quand la gauche, qui suivait la rivière, arriva à une clairière formant une longue allée recouverte d'un gazon ras, parallèle à la rivière. On fit arrêter la gauche et la droite opéra une conversion qui nous ramena face au nord sur l'allée de gazon. L'espace entre cette allée et la rivière était d'environ cent mètres de large sur deux cents de long ; or notre gauche touchait à la rivière et à notre droite s'étendait la plaine. Entre nous et la rivière devait se trouver la tigresse. Seulement nous resserrâmes notre ligne, nous rapprochant lentement du cours d'eau, que l'aile droite avait atteint. Nous marchions de manière à pousser la bête dans une sorte de segment de cercle, dessiné par la rivière et dont nous formions la corde. De la sorte la tigresse ne pouvait pas échapper sans être tirée. Notre ligne devenait très serrée, à mesure que l'arc de cercle se rétrécissait. Devant nous la rivière était profonde et boueuse ; en outre, de l'autre côté de l'eau, s'étendait une plaine absolument nue. La ligne se rapprochait graduellement de la berge et nous commencions à croire que la tigresse avait fui, quand un immense rugissement partit d'un fourré sur ma droite, et sembla se diriger vers la gauche ; tous les éléphants y répondirent par leur trompette. Le rugissement se répéta bientôt à gauche. La tigresse, serrée de près à droite, avait parcouru la ligne, et cherchait une issue vers la gauche ; mais trouvant partout une ligne serrée d'éléphants, elle se promenait en rugissant au milieu des épais buissons, entre mon cousin et moi. Les rugissements de la tigresse avaient rempli de terreur les éléphants et leurs mahawats et tous refusaient d'avancer. Ils piétinaient sur place et se contentaient de broyer tout ce qui était à leur portée. Justement, en cet endroit, il y avait beaucoup de saules et de chênes verts assez gros. Bientôt la ligne des éléphants se trouva au milieu d'une large route qu'ils avaient formée en brisant les arbres. C'était une position superbe pour tirer la tigresse quand elle sortirait de son fourré, car la route avait près de quinze mètres de large. Mais le malheur était que la tigresse ne paraissait nullement disposée à quitter son fort, dans lequel elle se promenait comme dans une cage, et c'en était une, formée de murailles vivantes.

MM. de Morès et de Boissy, n'ayant plus de place, avaient traversé la rivière et s'étaient postés sur la berge en face de moi. Williams et Madame de Morès avaient été renforcer la gauche.

Cette situation ne pouvait durer longtemps. Chacun semblait attendre qu'un autre fut assez complaisant pour entrer dans le fourré et en déloger sa rugissante hôtesse ; mais personne ne se souciait de cette besogne et, du reste, personne n'était en état de le faire ; car beaucoup d'éléphants, effrayés par les rugissements continuels de la tigresse, refusaient absolument d'avancer. Un chicari se promenait sur son padd-éléphant dans l'allée qui entourait maintenant complètement la tigresse du côté sud et sur les deux flancs, tandis qu'au nord, elle était enfermée par la rivière ; mais il n'essayait même pas de faire entrer son éléphant dans le fourré.

Voyant que tout le monde attendait de gré ou de force, et que personne ne se décidait, je demandai à mon mahawat s'il pouvait entrer dans le bois. Il me répondit que son éléphant (Sara, la bête favorite de Shillingford) ne craignait rien. Avisant alors un petit padd-éléphant qui me suivait partout pour ramasser mon gibier et que je connaissais pour son courage et sa force, je lui expliquai de passer un peu à ma droite et de marcher droit sur la rivière. Au moment où je lui donnais mes instructions, je vis la tigresse remuer devant moi, mais il m'était impossible de la tirer. Je résolus de marcher droit sur l'endroit où j'avais vu la bête et de me faire un chemin jusqu'à la rivière. Tout alla en commençant comme sur des roulettes, et nous fîmes cinquante mètres sans soupçonner le danger, quoique les éléphants ne fussent pas tout à fait à leur aise ; mais les courageux animaux avançaient quand même. Ils eurent bientôt ouvert une large brèche presque jusqu'à la rivière, divisant ainsi l'enceinte en deux. Restait un gros saule à une vingtaine de mètres du cours d'eau, qui m'empêchait d'en voir les berges. Je dis à mon mahawat de faire casser cet arbre par son éléphant et de terminer ainsi notre besogne. Le brave éléphant leva le pied gauche qu'il posa contre le tronc de l'arbre, puis appuyant le front dessus, il fit ployer l'arbre jusqu'à terre et l'y maintint avec la tête fortement baissée. Alors un formidable rugissement partit de dessous le pied de l'arbre même que mon malheureux éléphant tenait ainsi ployé.

J'avais en main un vieux 16, arme que j'aimais beaucoup pour tirer de près avec des balles explosibles: il était chargé. Je me mis dans la position du tireur de pigeons qui va dire *pull*. Mais avant que j'aie eu le temps de faire ce dernier commandement, puisque je n'étais même pas tout à fait *ready*, une masse jaune et noire passait au-dessus de la tête baissée de mon éléphant, enlevait le *paggery* (turban) de mon mahawat, et arrivait sur mon aowdah. Je sentis une vive commotion. Le devant de mon aowdah se brisa, le fusil que je tenais entre les mains se rompit en éclats sous une forte secousse ; un de ses coups partit en même temps et les deux principaux morceaux tombèrent de chaque côté de l'aowdah jusqu'à terre, tandis que j'étais projeté moi-même au fond de ma maison aérienne ; en même temps le côté droit de mon aowdah se brisait en criant et la masse jaune et noire qui avait passé devant mes yeux comme un éclair disparaissait au milieu des débris de mon aowdah emportant avec elle mes trois autres fusils. J'entendis le bruit d'une masse retombant assez lourdement à terre, mais mon éléphant ne me permit pas de faire de plus longues observations. La tigresse, qui avait profité de sa fausse position pour passer par-dessus sa tête et arriver dans mon aowdah, l'avait naturellement rempli d'effroi ; aussi fit-il un tête-à-queue rapide et s'emballa-t-il comme un cheval affolé. Mais on ne peut se rendre compte de l'impression produite par un galop de charge à éléphant dans une futaie de gros arbres épineux, rattachés les uns aux autres par des lianes de même sorte et souvent énormes, surtout quand on se trouve à la hauteur des grosses branches. La course fut effrayante; mon éléphant une fois lancé, partit comme une flèche, brisant tout sur son passage : les plus gros arbres ne lui résistaient pas. Mais ce qui était le plus dangereux, c'étaient les fortes branches ; elles arrivaient sur mon aowdah qu'elles achevaient de briser, arrachant ce qui me restait de munitions, de sacs à cartouches, etc. L'une d'elles m'enleva mon chapeau. Heureusement c'était un de ces chapeaux en moelle de sureau très épais, sans quoi le choc m'aurait défoncé le crâne. Une autre branche d'oranger sauvage me renversa dans mon aowdah. Entre temps j'avais enjambé le treillage postérieur de mon aowdah et m'étais accroupi au-dessus de la queue de l'éléphant en me tenant à la croupière. J'étais ainsi protégé par le padd, dans la mesure du possible. Enfin, au bout d'une course effrénée d'environ cinq cents mètres, je me trouvai arrêté par la ligne des autres éléphants. Dieu m'avait sauvé la vie, car j'étais tué si j'étais demeuré là où jadis se trouvait mon aowdah ; tout, excepté une petite carabine restée prise sur le côté, avait été balayé par les branches et les lianes ainsi que par la tigresse.

Cette noble bête avait fort bien fait ses calculs et ma mort devait être certaine; mais elle n'avait pas mesuré le peu de résistance qu'offrait le bois de mon aowdah ; ce fut mon salut.

Elle avait admirablement bien pris son moment pour sauter quand la tête baissée de l'éléphant ne lui offrait aucun obstacle ; son bond était parfaitement bien calculé et elle arriva en plein aowdah. Si le bois avait été neuf et solide, elle se serait cramponnée aux parois et m'aurait mis en morceaux à son aise dans ma boîte ; mais le bois était vieux et un peu pourri, aussi le poids de l'assaillante suffit-il pour le rompre et la faire tomber lourdement du côté opposé à celui par lequel elle avait pénétré dans mon domicile.

Tout ceci se passa avec une telle rapidité et le choc fut si violent, que je ne me rendis pas du tout compte de ce qui m'était arrivé, quand je me retrouvai absolument privé d'aowdah, au milieu des autres éléphants. Il me fallut retrouver mon fusil cassé, voir le mahawat sans puggery, toutes mes affaires semées sur mon passage, pour me remémorer et m'expliquer ce qui avait eu lieu. Alors seulement je le compris : j'avais été miraculeusement sauvé.

Pendant ce temps ma manœuvre avait complètement réussi et la tigresse avait traversé la ligne, mais sans être touchée par aucune des balles. Au même moment, un jeune tigre essaya de passer l'eau ; mais M. de Boissy le tira et M. de Morès l'acheva ; il avait six pieds.

Nous nous reformâmes sur la route que nous avions prise le matin. J'étais monté sur un padd-éléphant, mon aowdah n'existant pour ainsi dire plus ; mais Williams me força de prendre son aowdah pendant que lui montait sur un padd-éléphant. Nous rebattîmes deux fois la jungle, la tigresse demeura invisible ; après avoir rebattu deux fois la jungle, mais, en la traversant de nouveau, M. de Morès eut la chance de tuer raide le second petit tigre, qui mesurait six pieds deux pouces. La chasse fut terminée ce jour-là.

Cet exemple prouve bien, ce me semble, que les tigresses n'hésitent devant rien pour défendre leurs petits ; celle-ci, en effet, n'attaqua pas l'éléphant comme les tigres blessés, mais bien le chasseur qui le montait et avec des intentions hostiles peu dissimulées. Du reste, le fait suivant montrera bien que les tigresses puisent dans l'amour maternel ce courage et cette force.

Le lendemain de cette attaque, le 27 mars, les chicaris vinrent nous dire que la tigresse était encore dans la même partie de la jungle où nous l'avions vue la veille. Nous nous reformâmes de la même manière ; nous avançâmes facilement cette fois à cause des nombreux chemins que nos diverses battues de la veille avaient percés. Arrivés à l'allée de gazon, nous fîmes aussi la même conversion. J'étais au pivot avec M. de Morès, et nous attendions que la droite eût fini son mouvement, quand la tigresse traversa le gazon à environ cent vingt mètres de mon compagnon qui était à ma droite. Elle allait au petit galop en secouant la tête ; le marquis tira, mais sans l'atteindre. Dès que je vis la direction prise par la tigresse, je courus à l'endroit où j'avais été chargé le 26, persuadé que la bête essayerait d'y venir. Mais décidément la perte de ses petits lui avait enlevé tout courage, car au moment où j'arrivais en vue de la rivière, je vis la tigresse qui sautait dans la boue et remontait sur l'autre berge.

Je n'eus que le temps de lui envoyer une balle de paradox et de la voir retomber à l'eau ; car mon éléphant, qui se rappelait sa fraîche aventure , fit demi-tour et m'empêcha de redoubler. Quand je me retournai, la tigresse avait disparu ; mais tout le monde accourait. Nous passâmes tous la rivière à sa poursuite et ce n'était pas précisement facile; la boue était excessivement profonde. Mais la tigresse, que j'avais apparemment blessée, n'avait pas eu la force de traverser la plaine qui la séparait d'une autre petite jungle ; elle avait regagné l'endroit d'où elle venait en repassant la rivière une seconde fois. Nous la suivîmes et la trouvâmes dans un épais buisson, elle en sortit en se faisant saluer par une volée de balles dont une seule l'atteignit. Nous l'avions encore reperdue. Il fallut se reformer sur la route et rebattre la jungle. Je tuai même, dans cette battue, un énorme chat-tigre que je prenais, à ses bonds, pour une petite panthère.

A la pointe sud du bois, entre la plaine et l'allée de gazon, nous finîmes par trouver la tigresse couchée dans un buisson. Elle se leva à notre approche et fut achevée par M. de Morès. En l'examinant, nous reconnûmes que ma balle de paradox lui avait fracturé la cuisse gauche, ce qui l'avait fait retomber dans la rivière. Sa blessure était encore pleine de la boue du ruisseau. Cette bête mesurait huit pieds sept pouces; la peau était bien marquée et en parfait état. J'étais très content de l'avoir tuée le lendemain du jour où elle avait été si près de me causer le même sort, sur le même éléphant et à la même place.

CHAPITRE IV

Jusqu'ici nous avons présenté les tigres comme des animaux poltrons ou soudainement très courageux. Nous allons voir maintenant qu'ils sont doués de beaucoup d'intelligence et de malice.

Les vieux tigres sont, en général, les plus retors ; ce sont eux aussi que les chassseurs ont le plus de peine à apercevoir. Le moindre bruit, coup de fusil ou autre, les fait fuir à de grandes distances. Au contraire les tigresses et les petits tigres ne sont pas méfiants. Aussi furent-ils les seules victimes pendant le « general shooting ». Au cours de nos six semaines de chasse, nous n'avons jamais tué un mâle, alors que nous tirions les cerfs et les autres animaux, tandis que souvent nous avons abattu des femelles ou des jeunes tigres de quatre ou de six pieds, que la fusillade faisait lever et passer dans des clairières.

L'exemple du gros tigre que le colonel tua le 30 mars, prouve assez la malice de ces vieux animaux. Chaque fois que nous le rencontrions, il inventait une nouvelle ruse pour nous échapper. La plupart du temps, il fuyait devant notre ligne à une certaine distance en se couchant presque entièrement dans la boue. Puis, arrivé à l'extrémité de la jungle, il se roulait dans la boue et restait sans que personne put le distinguer du marais. Quand notre ligne arrivait sur lui, il la laissait passer, puis la suivait par derrière à une certaine distance et répétait cette manœuvre jusqu'à notre éloignement de la jungle. D'autres fois, comme à Bela Topoo, par exemple, il prenait le lit d'une rivière desséchée et, se cachant sous la berge creuse, marchait à notre rencontre et traversait ainsi notre ligne ou bien l'évitait par un flanc. Quelquefois même il descendait une rivière à la nage pendant une certaine distance pour nous empêcher de retrouver ses traces.

Le 12 mars, un assez gros tigre, dont le poids toutefois ne devait pas représenter la moitié de celui du précédent, nous évita d'une manière très adroite. Deux tigres nous avaient été signalés dans la partie est de Bela Topoo. Nous avions battu l'île du nord au sud, sans rien voir; les deux fauves avaient profité du lit de la rivière qui sépare l'île dans sa longueur pour éviter notre flanc et revenir en arrière. Nous nous aperçûmes heureusement de cette manœuvre, et, faisant face en arrière, nous repassâmes la rivière à la hâte. Mais, ne voyant rien non plus, nous tirâmes deux ou trois coups de fusil sur les cerfs. Immédiatement, deux tigres bondirent devant nous. J'étais à la gauche de mon cousin et à la droite de M. de Morès, qui avait Williams à sa gauche. Le colonel, M. de Boissy et le docteur, formaient la droite. L'un des tigres se leva à la gauche, près de mon cousin qui le tira, et l'autre en face du colonel qui n'eut pas le temps de lui envoyer une balle. Mais les deux animaux se croisèrent, et l'un, qui paraissait blessé, s'enfuit vers la droite en traversant des troupeaux effrayés, et même une partie de jungle en feu. Au lieu de rester en ligne et d'avancer doucement, comme on doit toujours le faire, nous nous débandâmes et courûmes après le tigre blessé, en allant aussi vite que nos éléphants pouvaient marcher. Tout en avançant, nous tirions sur le tigre, qui filait devant nous à près de deux cents mètres. A la fin, une balle de M. de Boissy l'arrêta. Mais, sur quarante balles qu'on lui avait envoyées, la tigresse, car c'était une grande tigresse de huit pieds neuf pouces, n'en avait reçu que deux; l'une de mon cousin, et l'autre de M. de Boissy. La tigresse était à mon cousin.

Quand la bête fut morte, nous cherchâmes des yeux M. Williams et nous le vîmes à l'endroit où le tigre de gauche s'était levé. Il faisait des gestes désespérés pour nous appeler. Nous nous précipitâmes immédiatement vers lui, et l'eûmes bientôt rejoint. Le second tigre avait évité notre centre et s'était jeté vers la gauche où se trouvait Williams. Celui-ci venait de laisser tomber à terre sa carabine 500 que le mahawat était descendu ramasser, quand le tigre passa entre lui et la rivière, à environ cent mètres sur la gauche. Il lui envoya une balle; mais l'éléphant, n'ayant pas de mahawat, fit demi-tour et se mit à trotter. Williams eut toutes les peines du monde à l'arrêter et à faire remonter son mahawat sur sa selle. Quand l'éléphant fut redevenu tranquille et que Williams put s'occuper du tigre, celui-ci avait disparu du côté de la rivière. A notre arrivée Williams nous reprocha vivement de l'avoir ainsi laissé seul, et d'avoir par là sans doute perdu un beau tigre. Nous nous mîmes en ligne vers la rivière; nous n'avions pas fait dix pas que Williams aperçut une seconde la tête du tigre disparaissant dans l'eau boueuse. Nous eûmes beau battre et rebattre tous les environs de la nallah, rien ne nous indiqua où le tigre s'était retiré. Mais, d'après ce que nous avions vu, nous supposâmes tous que le rusé fauve s'était caché dans les joncs bordant la rivière, et ne laissait sortir de l'eau que le haut de la tête, pour respirer et voir. Mais nous ne pûmes pas le découvrir.

En revenant de cette chasse, nous fûmes surpris par le plus terrible orage que j'eusse vu depuis longtemps. Tout à coup le ciel devint sombre et le soleil se voila dans une espèce de brouillard de sable, pendant qu'un vent impétueux poussait de l'ouest à l'est, comme un rideau noir. Nous fuyions devant la tempête : peine inutile. Au bout de quelques minutes, nous étions enveloppés d'un vrai tourbillon de sable ; on n'y voyait plus clair à dix pas. Le sable nous aveuglait. Puis d'énormes éclairs fendirent la profonde obscurité, augmentant encore l'effroi de nos éléphants. Le tonnerre grondait tout autour de nous. Au nuage de poussière, succéda un énorme nuage, encore plus sombre s'il est possible, et de grosses gouttes de pluie se mirent à tomber. En un instant, nous fûmes tous au fond de nos aowdahs, enveloppés dans nos couvertures. Bien nous en prit ; nous n'étions pas plutôt abrités qu'une grêle formidable s'abattit sur notre colonne, la mettant en complète déroute. Chacun fuyait aussi vite qu'il pouvait, et au milieu de la profonde obscurité qui régnait autour de nous, on n'entendait que les cris et les soupirs que la grêle arrachait aux malheureux indigènes, et quelquefois même à nous autres. Malgré nos couvertures, nous étions tout meurtis par ces grêlons, gros comme des œufs de pigeon qui nous tombaient sur la nuque, poussés par un vent de tempête. Peu à peu la grêle diminua. Nous rentrâmes dans un autre nuage de sable ; c'était la queue de l'orage, et bientôt le jour revint doucement. Le soleil reparut, sécha nos vêtements trempés et nous rendit notre gaieté. Mais quand nous arrivâmes aux rivières, nous eûmes beaucoup de peine à les franchir, car elles avaient déjà grossi de deux pieds. Au camp, nous trouvâmes tout le monde occupé à faire des rigoles autour des tentes qui, heureusement, n'avaient pas souffert. Décidément le 12 mars est un jour à grande tempête, puisque déjà, à Eu, à pareille date, en 1876, nous avions eu ce fameux coup de vent qui renversa une partie de la forêt.

Venons maintenant à des exemples de tigresse ou de petits tigres tirés pendant le « general shooting ». Ils sont nombreux, car c'est dans ces circonstances que j'ai tué une bonne partie de mes tigres.

Le 6 mars, le duc de Montrose avait tué une tigresse dans les circonstances que j'ai déjà racontées dans un précédent chapitre. Il revenait avec M. de Boissy et M. Williams, quand ils tombèrent, tout en chassant le cerf, sur deux jeunes tigres qui se levèrent devant eux, dans les acacias, à l'ouest de Awnogcah Ghat. M. de Boissy en tua un petit de quatre pieds trois pouces; mais comme nous étions assez loin les uns des autres, et que les éléphants de battue étaient rentrés, l'autre tigre, de plus forte taille, échappa à la colère de M. Williams, lequel, naturellement, mit la faute sur les Népaulais, qui ne faisaient pas bien le bois et commençaient déjà à essayer de nous lasser.

Le 9 du même mois, ainsi que je l'ai déjà raconté, je tuai un petit tigre de quatre pieds pendant le « general shooting »; nous avions cherché le gros tigre toute la matinée dans les acacias et nous l'avions abandonné; nous avions même très bien réussi sur toute sorte de gibier, quand ce tigre se leva entre mon cousin et moi, qui étions restés en arrière.

Nous avions changé de camp le 9 mars et nous nous trouvions campés à Bobia, toujours à la poursuite du vieux tigre. Or le 11, ce vieux rusé nous était signalé dans les hautes herbes, au nord de Bela Topoo, en compagnie d'une tigresse et d'un jeune. Nous y allâmes, et toute la matinée ainsi qu'une partie de l'après-midi, fut occupée à chercher en vain ce charmant trio. Après le *tiffin* nous avions envie de tirer les cerfs qui paraissaient très nombreux dans cette jungle, et le « general shooting » fut obtenu. Nous n'avions pas fait cinq cents mètres, que le cri de « Bagh ! » retentissait sur la droite de la ligne, où se trouvaient M. et Madame de Morès et M. Williams. Il y avait là une petite nallah courte, dont M. et Madame de Morès occupaient chacun un côté. Arrivé au bout de cette nallah, M. de Morès vit la tigresse sortir doucement de l'herbe et passer à trente mètres, entre sa femme et lui ; chacun d'eux tira ses deux balles et la tigresse disparut. Pendant ce temps, un cercle d'éléphants s'était formé autour de M. Williams, et il semblait qu'il cherchât toujours à tirer. En effet, une détonation retentit bientôt, suivie d'un faible rugissement. Puis nous vîmes hisser sur un padd un jeune tigre de cinq pieds, qu'il venait de tuer. Quant à la tigresse, il nous fut impossible d'en retrouver la moindre trace, quoique nous eussions battu et rebattu la nallah dans toutes les directions. M. et Madame de Morès ne purent jamais s'expliquer comment leurs quatre balles ne l'avaient pas foudroyée, à la courte distance où ils l'avaient tirée.

Ne retrouvant pas la tigresse, nous reprîmes le « general shooting », sport très amusant dans cette jungle giboyeuse. Pour empêcher le vieux tigre qui nous avait échappé de séjourner dans la jungle, nous y mîmes le feu. Rien de plus beau que le spectacle de ces immenses plaines d'herbes sèches de huit pieds de haut, brûlant vers le soir, quand la flamme est poussée par le vent chaud qui règne dans ces contrées. En continuant le « general shooting », le gros tigre, effrayé par le feu qu'il n'avait pu traverser, vint passer à cinquante mètres du docteur et de M. de Boissy. Comme ils n'avaient que leurs fusils à plomb, naturellement, il échappa encore. Mais ce fut la seule fois, pendant tout notre séjour au Népaul, que je vis un vieux mâle se montrer à portée pendant le « general shooting ».

Le lendemain, la tigresse que mon cousin tua dans Bela Topoo, fut aussi tirée dans le « general shooting », et l'autre tigre échappa à cause de notre débandade.

Le 21 mars, le gros tigre venait encore de nous échapper par une de ces ruses qui lui réussirent si souvent. Nous avions complètement perdu sa trace. Nous revenions vers Awnogeah Ghat en « general shooting », si je puis me servir de cette expression que nous employions si souvent au Népaul, quand le cri de « Bagh! » retentit le long de la forêt d'acacias qui borde la rive droite de la Coosy. Je me trouvais justement là avec le docteur et M. de Morès. On nous montra un gros buisson d'herbes des pampas où, nous disait-on, le tigre s'était réfugié. En effet, nous vîmes remuer quelque chose, et M. de Morès tira deux balles dessus, au jugé ; puis deux autres sur une autre chose qui passait et que je ne pus voir. Le docteur, immédiatement après, lâcha un coup de fusil, un grognement lui répondit ; en arrivant près de lui, je vis qu'il avait tiré un tigre de quatre pieds six pouces ; examen fait, aucune trace de balle. Il l'avait tué avec du 2, sans le savoir, et c'est le seul tigre que nous ayions vu tirer à plomb.

Le lendemain du jour où le colonel avait si brillamment mis fin aux ruses et à la vie du gros tigre, j'eus la chance de tuer une très belle tigresse, sur laquelle nous ne comptions plus du tout. Le matin, on nous avait menés au nord de Bela Topoo, la fameuse île aux tigres malins. Nous avions battu une jungle superbe dont les hautes herbes auraient pu cacher tous les tigres du Népaul; mais nous n'y avions rencontré que des cerfs, des sangliers et des paons. La matinée entière s'était passée à voir défiler devant nous tous les représentants de la faune de ces plaines sauvages, excepté celui que nous cherchions. Aussi, après le *tiffin*, décision avait été prise de nous mettre à tout tirer en rentrant au camp, dont nous étions encore très éloignés. Le « general shooting » marcha à merveille et la jungle brûlant derrière nous, sur tout notre passage, faisait admirablement fuir tous les animaux. Nous ne pensions déjà plus au tigre. La nuit commençait à tomber rapidement : il était près de cinq heures. Nous étions arrivés à un endroit de la jungle où une clairière s'était faite, à la suite d'un incendie. Je venais de blesser une belle perdrix noire que j'avais vue se remiser dans une grande touffe d'herbes, juste en avant de la clairière. Comme dans ces jungles on ne sait jamais ce qui peut se lever, j'avais pris l'habitude de toujours avoir mon paradox chargé, à droite, de plomb 8, avec lequel on peut tout tirer, même les petits cerfs, à gauche, d'une balle d'express. C'est à cette habitude que je dois mes plus beaux succès au Népaul.

J'avançai donc sur la touffe où j'avais vu se remettre la perdrix blessée, m'attendant à chaque instant à la voir traverser la clairière où j'avais belle à la tirer. Soudain une grosse masse part sous les pieds de mon éléphant, comme les cerfs le font généralement. Je m'apprêtais à lui envoyer mon coup de 8, comme je le faisais toujours pour l'empêcher de forcer la ligne et le faire sortir dans la clairière, quand mon éléphant recula de deux pas en donnant ce coup de trompette annonce invariable de la présence du tigre. En même temps, mon mahawat laissa échapper le cri bien connu et toujours bien accueilli de « Bagh ! » et je vis mon prétendu cerf qui filait dans la clairière. C'était une superbe tigresse. Elle galopait en secouant son énorme tête; la queue fouettait ses flancs. D'instinct, je lui tirai mon coup gauche qui, heureusement, était encore chargé à balle. A mon coup de paradox, la tigresse roula comme un lapin et sa queue se redressa. Mais elle se releva et traversa la clairière la queue droite, comme un chat en colère; une décharge de toute la ligne, la salua sans la toucher; une seconde, du colonel, du docteur et de moi, lui cassa la patte gauche. Elle tomba et ne bougea plus, car ma première balle lui avait percé le cœur, et elle n'aurait pu aller bien loin, même sans la balle qui lui brisa la patte. Il était cinq heures dix quand on chargea, sur le padd-éléphant, la tigresse qui était énorme.

Comme nous étions encore très loin du camp, nous rentrâmes aussi promptement que possible. Mais le soir vint vite et nous arrivâmes dans les marais à la nuit noire. Rien d'aussi joli qu'un marais, le soir, dans ces pays. Les arbres sont couverts de milliers de mouches phosphorescentes qui dansent de feuille en feuille et qui, de loin, donnent au bois l'aspect d'une grande ville, éclairée par des milliers de lumières. Quand nous arrivâmes au bord de la Coosy l'illusion était complète. Les feux du camp se reflétaient dans l'eau et l'on se serait cru sur le bord du grand canal à. Venise avec tous les feux des gon-

doles simulés par les mouches phosphorescentes. Ce fut sous
ce charme que nous rentrâmes au camp où M. Pritchard nous
attendait avec inquiétude car il était près de dix heures. Le
colonel et le docteur étant restés très loin derrière je déchar-
geai en l'air mon fusil à baguette pour leur donner une indication ; bientôt deux coups de fusil me répondirent : j'avais été
compris.

La tigresse était très grosse et, autant que nous avions pu en
juger sur le moment, elle devait avoir des petits. Aussi tout le
long de la route, en revenant, chacun avait parié pair ou impair
sur leur nombre. J'avais parié pair et devais les distribuer si je
perdais. On conçoit l'anxiété dans laquelle je me trouvais quand
on dépouilla ma tigresse. Elle avait quatre petits, charmants, très
bien marqués avec un joli poil, des petites griffes mignonnes et
surtout des têtes des plus drôles.

Quant à ma balle de paradox, elle était entrée juste au milieu
du dos, avait traversé l'épine dorsale qu'elle avait mise en pièces
puis perçant le cœur s'était arrêtée sur l'omoplate. La tigresse
mesurait huit pieds six pouces, sa peau, très bien marquée, était
large et flottante signe caractéristique de beauté chez ces vieux
fauves.

Le 2 avril, mon cousin tua une tigresse de huit pieds pendant
le « general shooting ». On nous avait envoyés dans la jungle de
la Sal Forest qui se trouve au Nord-Est de notre camp de Awnogeah Ghat. Nous avions suivi une nallah pendant plusieurs
heures sans voir la tigresse. Nous nous dédommagions de ce
contretemps en tirant tout ce que nous voyions, quand elle se
leva près de mon cousin qui, après l'avoir poursuivie quelques
centaines de mètres, lui cassa une patte d'une balle de son 577 ;

je l'achevais avec Williams pendant qu'elle chargeait. Je ne raconte pas cette chasse en détail, on en a trouvé le récit dans le chapitre précédent.

Jusqu'ici nous ne nous sommes occupés que du tigre et de ceux qui le chassaient. Je vais maintenant dire quelques mots sur les habitants des lieux où nous avons chassé et sur leur superstition.

Les Népaulais sont généralement petits, trapus, au nez épaté, à la figure jaune, aux grandes lèvres et ont à peu près le type thibétain. Ils sont presque toujours vêtus de péjamas collants jusqu'au genou et lâches du genou à la taille où ils sont fixés, par un fil de soie. Les chicaris ont habituellement une sorte de tunique verte à boutons de cuivre jaune et un turban roulé sur lequel est placé un croissant en cuivre. Les coolies et les gens des classes inférieures ont une veste faite de pièces et de morceaux et une petite calotte crasseuse pour couvrir le mahomed. Presque imberbes, ils n'ont guère qu'une moustache composée d'une seule rangée de poils qu'ils coupent aux ciseaux, sous le nez, ne laissant pousser que les bouts, ce qui leur donne une physionomie étrange. Les femmes sont affreuses et, sauf quelques exceptions, très mal faites. Du reste elles se cachent avec un entrain qui fait vraiment plaisir car on n'éprouve aucun agrément à considérer des monstres aussi repoussants que certaines d'entre elles. Les Népaulais vivent généralement du produit de maigres champs de seigle, d'avoine et de riz, mangent aussi beaucoup de poissons qu'ils prennent en desséchant des flaques d'eau. Leur unique boisson se compose d'eau, de lait de buffalos ou de noix de coco. Mais quand ils peuvent voler du whisky, bien qu'ils disent cette liqueur contraire à leur santé, ils s'en régalent. Ils font de même à l'égard de tous les animaux de la jungle depuis le tigre jusqu'au perroquet en passant par le paon et le toucan. Quelques chicaris possèdent de vieux fusils à baguette des plus fantastiques avec lesquels ils tirent jusqu'à une dizaine de mètres, car leur adresse est telle qu'ils approchent les animaux et les tirent pour ainsi dire à bout portant.

Mais ils sont horriblement superstitieux. Quand ils se sont mis en tête qu'une chose doit leur porter malheur, ils se feraient tuer plutôt que de changer d'idée.

On se rappelle peut-être que, le premier jour, un detto était venu nous offrir ses services comme chikari et que M. Williams, qui le connaissait déjà, s'était beaucoup réjoui de l'avoir avec nous. Dès le début, les Népaulais le tinrent à l'écart. Mais un jour vint où nous le réclamâmes disant que nous en avions besoin pour l'envoyer chercher le cobber d'un rhino. Le mot produisit un effet immédiat. Le detto fut envoyé à la recherche du rhino, mais il ne revint pas, car dès qu'il eût quitté notre camp, il fut pris et conduit en prison par les Népaulais. Le rhino étant une bête sacrée, comme ressemblant à la vache, l'animal sacré par excellence, les Népaulais emploient tous les moyens pour empêcher les étrangers d'en tuer. Aussi, quand M. J. Schillingford en tua un, il y a quelques années, sur l'emplacement même de notre camp de Bobia, fut-il entouré par les Népaulais et conduit en prison jusqu'à ce qu'il fût relâché et ramené à Purneah par ordre de Katmandoo.

Quelques semaines avant de quitter le Népaul, nous avions obtenu de Katmandoo la permission de tuer quatre rhinos, mais nos Népaulais prétextèrent qu'ils n'avaient pas d'éléphants en état de faire cette chasse. Nous ne pûmes jamais voir la queue d'un, quoique nous ayons battu des jungles que les rhinos avaient certainement passées depuis peu.

Les Népaulais sont aussi excessivement superstitieux en ce qui concerne les tigres. Bien des fois en passant dans des villages où le tigre avait rôdé toute la nuit, nous demandions des renseignements qui nous étaient refusés. D'autres fois même, c'étaient de pauvres coolies qui, en traversant une jungle, venaient de voir passer le tigre et qui refusaient de dire même s'ils l'avaient vu. En voici la raison. Ils croient que s'ils indiquaient aux blancs la retraite d'un tigre dont ils n'ont souffert ni dans leur personne ni dans leurs propriétés, et que ce tigre ne soit pas tué, il viendra attaquer le traître qui l'a vendu. Si au contraire il meurt, ils croient encore que son esprit viendra le tourmenter, portant malheur à lui et à sa famille. C'est très bien de leur part, mais souvent fort désagréable. On croit tenir un tigre, un seul renseignement pourrait décider de l'heureuse issue de la chasse, et la déveine veut que vous tombiez juste sur un maniaque non encore visité par le tigre et ce mal blanchi ne vous donnera de renseignements ni pour or ni pour argent. Quelquefois aussi, ce sont les chicaris qui viennent vous ennuyer de leurs vieilles histoires rappelant les contes de fées qu'on me narrait dans mon enfance. Un jour que nous chassions le gros tigre, nos chikaris refusèrent presque de marcher. On peut penser si ce refus nous mit de bonne humeur ; mais leurs explications nous rendirent immédiatement la gaîté. Le chef chikari nous dit en nous implorant de ses deux mains jointes que nous ne connaissions pas le grand tigre sur les traces duquel notre mauvaise étoile nous avait conduits. Ce tigre avait été autrefois un grand prêtre de Bouddha, et maintenant l'âme de ce grand prêtre avait pris possession du corps d'un tigre pour se faire craindre et respecter des peuples habitant les forêts. Ses dents, disait le chikari, pouvaient briser l'airain, ses griffes déchirer le fer ; ses yeux lançaient deux glaives de feu qui faisaient périr celui sur lequel son regard s'arrêtait. Il était impossible de le tuer pendant qu'il était éveillé et si quelqu'un le tuait pendant son sommeil, l'âme du grand prêtre de Bouddha redevenue libre s'attacherait à persécuter son meurtrier et le lâche qui aurait commis le sacrilège d'indiquer sa retraite. Il ajoutait que si nous rencontrions le grand tigre nous péririons immédiatement, et que le gouvernement de Katmandoo ferait couper la tête aux chikaris imprudents, ce à quoi ils avaient l'air de ne pas tenir énormément.

Toutes ces histoires quoique très poétiques nous firent tordre de rire. Nous les prîmes, bien entendu, que pour de curieux traits de mœurs. « Pures fables que tout cela, dîmes-nous aux chicaris, et la peur seule du tigre, lequel du reste n'est pas plus brave que vous, vous empêche de marcher. » Cette insulte eut pour effet de leur ôter toutes leurs superstitions en leur rendant le courage.

Quand nous vîmes le tigre, j'observai attentivement pour constater l'exactitude du récit des chikaris ; je ne puis dire si les yeux du tigre lançaient des glaives de feu et la mort car il nous tourna constamment le dos. Quant à ses griffes et à ses dents, elles étaient fortes et belles comme nous pûmes le voir après sa mort, mais nous n'eûmes pas la preuve que, de son vivant, elles pussent broyer l'airain et déchirer l'acier. Reste à savoir maintenant si l'esprit du vieux prêtre de Bouddha est allé tourmenter le lâche qui nous a révélé la retraite du fauve, mais ce qui est certain, c'est que l'auteur de sa mort, le colonel de Parseval, n'a pas encore vu l'âme du prêtre venir troubler son repos et le poursuivre de ses persécutions.

Les chikaris nous avaient aussi annoncé qu'il était impossible de le tuer pendant qu'il était éveillé. Or, d'après ce que nous avons vu pendant la longue chasse que nous lui avons donnée. on pourrait dire qu'il n'a jamais dormi, puisque le jour, il fuyait ou se cachait dans l'eau et la boue et, la nuit, rugissait ou fuyait encore.

Certains Népaulais, je n'ai pas besoin de le dire, en bons musulmans qu'ils sont, refusent de toucher au sanglier chose souvent fort ennuyeuse, car les mahawats mahométans s'opposent à ce qu'un autre charge un sanglier sur le dos de leur éléphant. D'autres Népaulais — ils sont rares — adorent les singes et refusent d'y toucher absolument ; il en est ainsi dans certaines castes des Indes.

Nous venons de voir comment, la plupart du temps, nous avons chassé le tigre au Népaul. Je consacrerai un court chapitre à la chasse au tigre telle qu'elle a lieu dans les autres parties des Indes et telle que je voudrais l'avoir faite. Je veux parler de la chasse à pied, seul, en face du roi de la jungle, n'ayant qu'un fusil pour toute défense. Quoique n'ayant jamais fait cette chasse, j'ai vu beaucoup de personnes qui l'avaient pratiquée et entre autres mes trois compagnons : mon

cousin, MM. de Morès et de Boissy. En outre, j'ai lu un certain nombre d'ouvrages sur ce sujet, et l'on me saura peut-
être gré d'épargner ainsi la peine que j'ai prise, en donnant,
résumées en quelques pages, les trois manières de chasser
le tigre aux Indes : à éléphants, à pied, à l'affût.

CHAPITRE V

Généralement la chasse au tigre à pied se fait dans les parties de l'Inde où le terrain est impraticable aux éléphants. C'est dans le centre de l'Inde ou les sundarbands qu'elle se pratique le plus. Nous verrons d'abord les sundarbands puis le centre de l'Inde.

Les sundarbands sont des îles marécageuses formées par les différentes branches de l'Ougli à son embouchure. La jungle y est épaisse et haute et surtout excessivement boueuse. Les éléphants ne peuvent pas y circuler. Mon cousin était à bord d'une espèce de ponton remorqué par un petit vapeur et descendait le bras de l'Ougli vers la mer. Il avait pris avec lui des bœufs et des vaches pour servir d'appât aux tigres et chaque fois que sur son chemin un tigre lui était signalé, il attachait une vache, attendait que le tigre l'eût tuée et que le cobber lui en fut apporté pour se mettre à sa poursuite. MM. de Morès et de Boissy l'accompagnaient dans cette intéressante expédition. J'emprunterai à son récit même les différents points qui se rapportent à la chasse au tigre à pied.

« Après plusieurs jours d'essais infructueux et plusieurs nuits passées à l'affût sans résultats, nous faisons percer deux layons dans le bois pour faire des battues. Les deux tigres sont toujours dans le bois. Mais nous essayons en vain d'y faire des battues. Je suis forcé de rester à pied, l'arbre où j'étais était couvert de fourmis rouges et j'étais dévoré. Le tigre encore cette fois a filé trop tôt. Nous ne voyons rien ; nous commençons à nous désespérer et à nous consoler en chassant ce qu'ici on considère comme du petit gibier, M. de Morès avait tué un cerf et moi une panthère, lorsqu'un paysan, à qui ses traits océaniens ont valu le surnom de « Papouan », vient nous annoncer qu'un tigre a tué une vache.

« Nous partons, M. de Morès et moi. Après avoir tenu un conseil de guerre, nous décidons de battre le bois et nous nous plaçons en vue du ruisseau.

« Au bout de quelques minutes un grand remue-ménage. Je vois un énorme tigre au pelage roux sauter le ruisseau à cent vingt mètres de moi. Il me semble hors de portée, néanmoins je lui lâche mes deux coups de 8.

« M. de Morès arrive à la course et nous commençons à tourner le bois pour voir si le tigre y est. Voilà le volcelest et je constate qu'il a du sang.

« Je l'ai blessé. Mais nous ne pouvons plus marcher dans le bois, un tigre blessé est ce qu'il y a de plus dangereux. Nous nous plaçons et faisons tirer des coups de fusil dans le bois. Nous espérons que le tigre ira dans la jungle, il n'en est rien. Nous revenons sur le layon et nous constatons que le tigre l'a sauté. M. de Morès suit à pied le layon de Nokepooc. Je vais en pirogue sur la rivière et l'appelle bientôt après, le tigre ayant traversé la rivière à la nage. Nous traversons. nos batteurs, le papouan en tête, brandissant un fusil à pierre dont il se sert généralement comme d'un bâton. La jungle entre nous et Mahmud est si fourrée que nous sommes obligés de faire un grand détour pour nous trouver sur le layon.

« Il ne faut pas songer à battre. M. de Morès fait quelque chose de fort dangereux. Il suit la piste du tigre dans la jungle se frayant un chemin, le couteau à la main. Les chasseurs ne veulent pas y entrer et parlent d'abandonner le tigre. Je descends le ruisseau pendant deux kilomètres avec de l'eau jusqu'au ventre et constate que le tigre est rentré dans la jungle. M. de Morès arrive. Nous faisons le tour de cette jungle : elle n'a que cinq cents mètres de long et est bordée par un layon de vingt mètres de large. Nous allons faire le dernier essai. Nous mettons quelques hommes dans la rivière.

« Je me mets de côté pour surveiller la grande rivière au cas où il voudrait la passer, M. de Morès à cinquante mètres de moi. On tire des coups de fusil et j'entends aussitôt un animal se promener contre le layon entre M. de Morès et moi. C'est le tigre. Nous armons nos seconds fusils et disons à nos chasseurs de tirer en même temps que nous. Le tigre va sauter sur l'un de nous. C'est sûr. Nous avons quelques minutes de cette agréable attente. Le domestique de M. de Morès qui ne portait que des cartouches grimpe dans un arbre comme un singe. Le tigre marche sur moi. M. de Morès le voit avant qu'il saute. Il tire un coup de fusil auquel répond un effroyable rugissement. Puis un second. Les rugissements recommencent. Nous entrons dans le buisson et trouvons le tigre en vie, tapi dans la boue. Nous nous livrons à un petit feu roulant et vraiment il faut que ce soit bien dur. Pour le tuer, nous lui avons envoyé six balles du calibre huit à dix grammes de poudre dans les épaules et la tête. Ma première balle a été dans le derrière et cela m'a vraiment étonné de l'avoir touché à cette distance et au sauté.

« Mais la tigresse, car c'en était une, est à moi; car elle est à la première balle, elle a deux mètres quatre-vingts (huit pieds sept pouces) du museau au bout de la queue et de belles griffes. Le village entier nous entoure, nous offre des noix de coco que nous acceptons avec plaisir, car c'est la seule boisson rafraîchissante du pays. Au bateau, des cris de joie de tout l'équipage et le soir une fête énorme. Le lendemain, nous dépouillons la tigresse donnant le foie, la graisse, les entrailles aux hommes qui font avec des médecines pour toute maladie.

« Nous sommes au comble de la joie. Voici une belle entrée en chasse et il n'y a pas beaucoup de gens aux Indes qui aient tué un tigre à pied. De plus, nous l'avons tué seuls sens Anglais et en arrangeant tout nous-mêmes.

« Avant de partir, nous avons encore été une fois au tigre. Je l'ai entendu bâiller et éternuer à cinquante pas de nous. Mais nos coolies faisaient autant de bruit que des batteurs autour de moi. Le tigre a filé. Il était dans une grande île de l'autre côté d'une rivière qu'il avait passée la nuit, couché sur un sanglier qu'il avait pris après une longue chasse dont nous avions suivi les détours au volcelest. Le temps presse et nous sommes obligés de repartir, bien à regret. Aujourd'hui, le maire d'un village vient nous annoncer à bord qu'un tigre vient de tuer un bûcheron deux heures avant. Mais, à moins de rester trois jours de plus, nous ne saurions où le retrouver. Nous continuons notre route. »

Mon cousin n'était pas exactement renseigné en disant que très peu de gens aux Indes ont tué des tigres à pied. Au contraire, ce sont ceux qui les ont tués à éléphant qui sont les plus rares [1].

Sur huit qui avaient tué des tigres dans mon bataillon actuellement à Chakrata, trois seulement en ont tué à éléphant dont deux à la chasse du vice-roi. Du reste presque tous ceux que j'ai rencontrés les avaient tués à pied. Mais il faut le dire, au moment où mon cousin écrivait ces lignes il n'avait pas encore beaucoup pratiqué les chasses au tigre et les chasseurs. Depuis, je le pense, il a dû changer d'opinion. Mais ces observations n'ôtent rien du reste au courage que le prince Henri et ses compagnons ont montré en s'exposant seuls, sans connaître le pays, à être dévorés par les tigres des sundarbands.

Ce récit de mon cousin peut servir de type aux chasses aux tigres dans les sundarbands et les pays marécageux. Je vais tâcher d'expliquer maintenant comment on chasse le tigre à pied dans le royaume de Mysore d'après le récit de Sanderson le grand preneur d'éléphants de l'Inde.

Dans certaines parties de Mysore les habitants des villages ont l'habitude d'entourer les tigres avec des filets et alors de les tuer au fusil ou à la lance. C'est la seule méthode (excepté l'affût) par laquelle ils arrivent à tuer un tigre là où la jungle est trop grande pour être battue. On pourrait croire qu'il n'y a aucun sport à tuer un tigre à travers un filet, le danger est tout aussi grand que si on le tirait du haut d'un arbre.

Voici la manière d'enfermer un tigre dans des filets. Les filets dont on se sert sont faits de cordes d'un demi-pouce d'épaisseur; les mailles ont neuf pouces et le filet quarante pieds de long sur

---

1. Ce dernier genre de chasse exigeant un attirail considérable et des dépenses énormes au-dessus des moyens de la plupart des officiers.

douze pieds de large. Quand un tigre est rembuché dans un endroit comme un ravin rempli de broussailles, un layon est coupé au milieu à quelque distance de l'endroit où il est couché, et une ligne de filets est dressée à une hauteur de huit ou dix pieds, le surplus des filets étant étendu à terre. On étend les filets dans le terrain découvert des deux côtés. Cent ou cent cinquante Torreas ou Oopligas, les seules castes qui participent à ce sport sont généralement engagés.

Des hommes armés de lances se cachent derrière la ligne de filets à différents endroits et un corps de chasseurs est placé de chaque côté du couvert occupé par le tigre de manière à le flanquer et à l'empêcher de fuir par les côtés. Quelques hommes grimpent sur des arbres commandant la situation afin de signaler les mouvements de l'animal, pendant que le corps principal des batteurs commence au haut du ravin et le battent vers les filets. Dans ces occasions, les panthères et les tigres agissent d'une façon bien différente. Les panthères s'élancent souvent en avant et se précipitent dans les filets. Elles sont percées par les lances ou arrivent à s'échapper. Mais un tigre si effrayé qu'il soit par le bruit fait derrière lui, n'avance jamais sans examiner avec précaution le terrain en avant. Sa venue est signalée par les hommes postés dans les arbres, et quand il apparaît près des filets ceux qui sont armés de lances se montrent ; alors généralement il se retire. Et comme on prend toujours soin d'entourer de filets une partie de la jungle excessivement épaisse, il s'y cache. Les batteurs se rapprochent par derrière formant une épaisse ligne et portent des filets. Le tigre essaie-t-il de percer la ligne des batteurs, il est accueilli par des cris qui lui font le plus souvent rebrousser chemin. Ayant ainsi réduit l'aire à environ cent mètres de diamètre les filets sont promptement hissés tout autour. Les cordes principales (qui passent à travers les mailles du haut et du bas tout du long des filets) sont fixées à des arbres ; les filets sont supportés à une hauteur de dix pieds par des perches fourchues à l'intérieur et à l'extérieur penchant l'une vers l'autre et attachées ensemble en haut. Des troncs d'arbres et des grosses pierres sont placés tout autour des piquets pour empêcher ces troncs et ces pierres d'être déplacées. La profondeur des deux extra-pieds de filet ou à peu près est relevée tout autour des troncs d'arbre et fixée par des bâtons croisés formant un double filet pendant une hauteur d'environ deux pieds du sol. Une barrière d'une grande résistance est ainsi formée ; elle ne peut être facilement renversée par le tigre et elle est trop flexible pour lui permettre de donner un coup avec quelque résultat. Fait curieux, les tigres n'essaient jamais de sauter les filets, et ils pourraient le faire très facilement. Les panthères le font souvent. La nuit, des feux sont allumés tout autour et des hommes armés de lances forcent le tigre à se retirer quand il se montre. Il faut souvent un jour entier pour rendre la barrière de filets absolument sûre.

On commence alors à faire les préparatifs pour tirer le tigre. Quinze ou vingt hommes choisis, armés de lances, entrent dans l'enceinte avec quelques bûcherons munis de haches au long manche ; la besogne de ces derniers est de nettoyer une allée large de quinze pieds à travers l'enceinte, la divisant ainsi en deux parties, les hommes à lance servent d'escorte pendant ce temps. L'objet de cette allée est de permettre de tirer le tigre quand il est rabattu, et la traverse. Le fait d'entrer et de traverser cette enceinte où se trouve un tigre peut-être excité pendant deux ou trois jours et n'ayant réussi dans aucun de ses essais d'évasion, peut paraître, à ceux qui ne connaissent pas la vraie nature de l'animal, constituer un péril de mort; mais les hommes se tiennent bien serrés les uns contre les autres et jamais on n'a ouï dire qu'un tigre ait chargé à fond au milieu d'eux. Sa position semble l'avoir rendu peureux. Mais lorsqu'il a été blessé, les hommes s'aventurent rarement à l'intérieur des filets.

Si après avoir été tiré, le tigre se cache dans les épais buissons et si tout essai de l'en faire bouger échoue, si enfin aucun éléphant ne peut être trouvé, sa recherche est un soin qui présente assez de danger. Le tigre peut être mort, mais peut-être aussi n'est-il que dangereusement blessé; dans ce cas la seule chose à faire pour le chasseur est d'entrer dans l'enceinte avec une forte troupe d'hommes armés de lances (ces lances seraient naturellement de peu d'utilité en cas de charge, mais le fait d'avoir une canne à la main donne confiance), alors on peut tirer le tigre couché, chargeant ou fuyant. Sanderson rapporte qu'il a chassé beaucoup de tigres de cette manière et qu'aucun d'eux n'a jamais chargé à fond sur une troupe d'hommes. Quinze ou vingt hommes employés à cette tâche, qui soutiendront la charge et ne bougeront pas comme le font beaucoup de Oopilages et Torreas de Mysore, sont, j'en ai la conviction, un rempart absolument sûr. Je ne crois pas qu'un tigre mangeur d'hommes, blessé ou ayant des petits, ait chargé une troupe serrée d'hommes déterminés.

La chasse aux tigres avec les filets est généralement organisée pour l'amusement d'officiers européens par les maires des villages, mais les indigènes chasseront parfois eux-mêmes un tigre s'il devient gênant. Dans ce cas, comme ils ont rarement des armes à feu pour le tuer, des filets sont tendus dans l'allée qui traverse l'enceinte de manière à céder quand le tigre charge et à l'envelopper quand il traverse l'allée. Une douzaine de gaillards courageux se placent derrière un rideau de buissons et le reste entre dans l'enceinte pour rabattre le tigre vers eux et il est d'ordinaire transpercé quand il se débat dans les filets. Les lances dont on se sert ont des lames d'environ un pied de long et trois pouces de large avec des manches en bambou de six pieds de long et peuvent facilement transpercer un tigre. Quelques secondes suffisent alors pour le tuer. Mais s'il parvient à se démêler des filets au moment où les hommes se jettent sur lui, un ou deux sont renversés, mais le plus souvent les filets le retiennent solidement.

N'ayant pas fait ce genre de chasse je n'insisterai pas davantage. Passons maintenant à la chasse au tigre à l'affût ou, comme on l'appelle aux Indes, en « mechan ».

Quand un tigre a tué un buffalo, vache ou n'importe quel animal, il boit le sang le jour même et revient manger la carcasse le lendemain, du moins en est-il ainsi généralement. Connaît-on un kill, on fait dresser une espèce d'estrade dans un des arbres environnants à une hauteur qui dépasse douze pieds. Car il est à peu près prouvé que le tigre ne peut pas franchir cette hauteur, quoique je connaisse le cas d'un chasseur qui, perché sur une branche à douze pieds de terre, a été tué par un tigre qu'il avait blessé. Une fois cette estrade établie avec soin et de manière à déranger le moins possible les herbes et les branches, vous vous installez sur votre mechan à trois ou quatre heures environ de l'après-midi, car le tigre vient souvent manger sa proie avant le coucher du soleil. Sur le mechan même on place ordinairement un padd-éléphant et avec quelques couvertures rien n'est plus confortable. Il faut aussi prendre des provisions, on reste parfois branché jusqu'au lendemain à la pointe du jour et l'air frais de la nuit ouvre terriblement l'appétit.

De toutes les méthodes employées pour tuer les tigres il n'en est peut-être pas qui réussisse aussi rarement que celle du mechan. La plupart des chasseurs l'ont essayée à plusieurs reprises et, après chaque essai infructueux ils ont juré que c'était le dernier, mais à la première occasion tentante on les retrouvait à leur poste. Pour ma part, je dois l'avouer, l'affût silencieux et solitaire exerce sur moi une grande attraction. Quand, dans un mechan vert et ombragé, sur un de ces beaux arbres des forêts indiennes, on surveille, à la fraîcheur du soir — l'heure enchanteresse de la journée indienne — l'arrivée possible du tigre ; quand les bruits de la jungle troublent seuls le silence et que les oiseaux et les animaux, rarement visibles à d'autres heures, peuvent être observés à loisir, je me suis demandé comment on pouvait appeler « sport » une chasse où l'on poursuit, sous un soleil de plomb, un fauve rabattu vers soi et se servir du mot « braconnage » en parlant de l'affût. Combien de chasseurs ayant tué quarante ou cinquante tigres n'ont jamais pu réussir à en abattre un à l'affût ! Laissez à celui qui préfère le système des trompettes et des tam-tams son poste où il cuit; mais, pour celui qui peut sentir toute la poésie de la solitude des jungles, il n'y a que l'affût pendant les heures paisibles de la soirée.

Quoique n'ayant jamais tué de tigres à l'affût, je vais donner quelques indications recueillies par moi-même pendant les nuits au Népaul ou dans mes conversations avec ceux qui avaient réussi à la chasse au mechan.

Les tigres, soit qu'ils aient été dérangés dans leur sieste, ou qu'ils aient éventé ou entendu le chasseur pendant qu'ils retournaient vers leur proie, manquent souvent de revenir à leur kill. Le tigre tuant pour se nourrir, il est indispensable de ne pas l'alarmer. Le moyen le meilleur est d'attacher un bœuf (un kill naturel sera rarement aussi bon) à trois ou quatre cents mètres de l'endroit où le tigre peut se coucher pendant le jour et où la ligne qu'il prendra pour s'y retirer est bien marquée. Cette distance est nécessaire pour permettre au chasseur de faire arranger sa plate-forme sans être entendu du tigre et de se poster de manière que le vent ne porte pas vers le fauve dès qu'il revient — (il faut se le rappeler, la brise dominante change souvent au coucher du soleil).

Ces points essentiels observés, il ne reste plus qu'à faire préparer confortablement le mechan, puis à se tenir tranquille et prendre son poste suffisamment tôt dans l'après-midi. Le mechan doit mesurer six pieds de longueur sur trois de largeur, le sens de la longueur tourné vers le kill. On doit ménager, dans les branches touffues qui servent d'écran au mechan, une ouverture de trois ou quatre pouces carrés au travers de laquelle on puisse voir et tirer. Un matelas, un oreiller, des couvertures, une gourde ne doivent jamais être oubliés, car sans ce confort une grande partie du plaisir est perdue. On peut aussi se munir d'un livre dont la lecture permettra d'attendre la nuit. Je n'hésiterais jamais à fumer à l'affût; il n'y a à cela aucun inconvénient, puisque si le tigre peut éventer la fumée, il éventera certainement le fumeur et, par suite, se retirera.

Je n'ai pas besoin de dire que le chasseur ne doit faire aucun mouvement de nature à être entendu et qu'il ne peut rester parfaitement immobile que couché; assis les pieds s'engourdissent et il est alors impossible de ne pas bouger.

Les feuilles qui cachent la plate-forme doivent être d'une espèce qui ne se dessèche pas trop vite et, par conséquent, dont le remuement soit sans bruit. Il en est qui se dessèchent au bout de deux heures et craquent au moindre mouvement. Il ne devrait jamais être permis à personne de se tenir sur la plate-forme avec le chasseur, car un naturel ne manquera jamais de tousser au moment critique. La plate-forme devrait, autant que possible, être placée à quinze ou vingt pieds de haut, de manière à diminuer les chances d'être éventé par le tigre, qui regarde rarement en l'air, à moins que son attention ne soit attirée par quelque bruit.

Les moustiques ne vous dérangent jamais avant huit heures ou huit heures et demie du soir, mais alors c'est un véritable supplice. Trois ou quatre jours avant la pleine lune ou environ deux jours après c'est le meilleur moment pour l'affût. Comme on le verra plus loin, rien de bon ne peut être fait par une nuit noire. Le kill peut être traîné quelques mètres de manière à permettre de mieux le voir et de mieux tirer. Cela ne dérange nullement les tigres, mais il faut le laisser à un endroit où il puisse être facilement aperçu de celui où il était auparavant. Cette idée que toucher ou déranger un kill empêche un tigre d'en dévorer les restes n'est nullement fondée. Les carcasses sont constamment tiraillées par les vautours et les chacals en l'absence du tigre. Faites changer de place une carcasse auprès de laquelle vous n'êtes pas à l'affût, vous constaterez que le tigre y retourne sans aucune hésitation.

En attachant un buffle vivant, la corde doit être enroulée

autour et à la base de ses cornes ou attachée à l'un de ses pieds de devant. On est souvent obligé de se servir de chaînes si l'on veut que la carcasse reste à la même place, et empêcher les tigres, qui ont pris l'habitude de couper la corde, d'emporter leur proie.

Quand le tigre a tué l'animal attaché, il n'y a plus qu'à monter dans son méchan et à attendre qu'il revienne finir de dévorer la carcasse. Mais que d'attentes vaines! soit que le tigre ait été dérangé pendant le jour, soit qu'il n'ait plus faim. Aussi puis-je m'imaginer la joie ressentie quand le fauve revient à son kill et l'émotion avec laquelle on doit presser la détente. Je n'ai jamais éprouvé ces sensations avec le tigre mais à des affûts beaucoup plus modestes.

Ainsi que je l'ai dit déjà, je n'ai jamais chassé le tigre à pied, et mes affûts, comme ceux de tant d'autres, sont restés sans résultats; je ne m'arrêterai donc pas plus longtemps à la description d'une chasse que je n'ai point pratiquée par moi-même et que je ne pourrais faire que sur des récits de chasseurs plus heureux que moi.

Je reviens donc à la chasse au Népaul pour essayer de donner une idée de l'étonnante abondance de gibier de tous genres que l'on rencontre dans ce curieux pays.

LE

« GENERAL SHOOTING »

LE « GENERAL SHOOTING »

CHAPITRE PREMIER

Ce qui nous a tous frappés nous autres chasseurs européens, c'est la prodigieuse quantité de gibier de toutes sortes que renferment les jungles du Népaul. Habitués à voir beaucoup de perdrix en tel endroit, des cerfs en tel autre, des faisans dans un autre encore, nous n'avions pas la moindre idée que tous ces animaux pussent se trouver groupés en foule dans le même bouquet d'arbres, dans la même touffe d'herbes. Aussi le premier jour marchâmes-nous de surprise en surprise. Je ne veux donner ici qu'un aperçu du nombre de pièces que l'on peut tirer dans ces vastes jungles et esquisser les mœurs des animaux les plus intéressants.

Nous commencerons par les cerfs ; nous en trouvâmes trois espèces différentes : le *hog deer*, l'*axis* et le *sambur*.

Le *hog deer*, ou cerf cochon, se rencontrait par centaines dans les grandes herbes (*tiger grass*) ou dans les bouquets d'acacias semés au milieu des marais. C'est un animal assez petit, tenant le milieu entre le daim et le chevreuil, au pelage brun foncé et n'ayant jamais plus de trois andouillers à ses bois. Bien qu'ils soient excessivement nombreux, on ne les tue que très difficilement. Ils courent avec une agilité étonnante, à moitié rasés dans les grandes herbes, et quand ils sautent dans les marais ils se cachent dans la boue, qui est de la même couleur que leur pelage. Les faons portent la livrée à peu près de la même manière que les marcassins.

C'est au moment où nous formions la ligne d'éléphants pour chasser le tigre que nous voyions le plus de hog deer : ils couraient devant nous comme des lapins dans un tiré. Nous pouvions alors les admirer à notre aise. Bien souvent ils chargeaient la ligne, passant entre les éléphants qui quelquefois en étaient effrayés, s'enfuyaient pendant quelques mètres en faisant entendre un cri strident. D'autres éléphants, au contraire, plus accoutumés à la chasse, soutenaient la charge des hog deer et essayaient de les écraser sous leurs gigantesques pieds ou entre leurs jambes monstrueuses. En pareil cas, on est terriblement secoué dans son aowdah, mais il est très curieux de voir les éléphants écraser les hog deer entre leurs genoux.

Les jungles d'acacias et les hautes herbes dans les îles entourées de sables semblent être leur gîte de prédilection. Là nous étions toujours sûrs d'en trouver. Comme nous chassions principalement le tigre, et que dans ce genre de chasse on ne tire aucun autre gibier, nous ne pouvions tirer les cerfs qu'après la mort du tigre ou les jours où il n'y avait pas de cobber, ce qui ne nous empêchait pas d'en tuer des quantités. Nous les tirions généralement avec des carabines 450 ou 360. Mais ces petites bêtes emportaient très bien deux et même trois balles express, aussi y avais-je bientôt renoncé, à courte distance du moins. Je les tirais avec

un 16 à balle explosible ou avec du 4 ; seulement, avec le plomb
il fallait les viser au cou et à moins de trente-cinq mètres. La
jungle étant assez fourrée, on ne les avait presque jamais. Cependant, quand on les poussait vers un bras de rivière à sec, souvent
ils la traversaient à cent cinquante ou deux cents mètres de nous
et c'était un tir à la carabine des plus agréables et un excellent
exercice.

Le seul ennui de cette chasse est que très souvent les mahawats, au lieu de ramasser les bêtes tuées, les abandonnent. Or,
chasser pour arriver à un pareil résultat, c'est peine inutile.
Si vous les faites ramasser vous-même, ils les attachent à
leurs éléphants et dès que vous n'avez plus l'œil sur eux, d'un
coup de coukri ils leur coupent la tête et laissent tomber le
corps. Mais enfin, nous rapportions toujours au camp assez de
hog deer pour nourrir tous les coolies et il y en avait près de
trois cents. J'en ai souvent mangé et quoique cette chair ne soit
pas très recherchée je l'ai trouvée assez agréable.

Souvent nos hommes ne voulaient pas manger de notre gibier,
car il faut que l'animal soit saigné par un homme de leur caste,
sans cela ils perdraient leur caste immédiatement et c'est la chose
qu'ils craignent le plus au monde. Aussi, quand vous tirez un
animal quelconque, voyez-vous des hommes descendre de leurs
éléphants, courir lui couper la gorge et se disputer s'ils sont
d'une caste différente.

L'axis, cheettle ou *spotted deer* est un cerf de la grosseur du
daim de nos pays, à la robe mouchetée ; ses bois qui, comme
ceux du hog deer n'ont pas plus de trois andouillers, sont
grêles, mais très élancés et assez élégants. Cette espèce de cerf
ressemble bien plus par ses mœurs à ceux d'Europe. Ils se

tiennent en hardes dans les forêts. Dans nos chasses nous ne les rencontrions jamais dans les jungles d'herbes, mais toujours dans la Sal Forest. C'est un animal très gracieux et très agile, qui se dissimule excessivement bien au milieu des grandes lianes à larges feuilles et des ronces des forêts du Népaul. Comme nous avons fort peu chassé dans les grandes forêts et que nous n'y cherchions guère que le tigre, nous n'avons eu que de rares spécimens de cette espèce de cerf, que nous apercevions pourtant assez souvent pendant nos battues dans la Sal Forest.

Le *sambur* est de beaucoup le plus beau des cerfs qui vivent dans les parties basses du continent indien. Son corsage est à peu près le même que celui du cerf de nos pays, un peu plus foncé peut-être mais il est de plus grande taille et a le poil plus long. Chose curieuse, lui aussi n'a jamais que trois andouillers, mais ses bois atteignent une longueur et surtout une force dont aucun des dix cors de nos pays ne peut donner une idée. Je ne les ai jamais vus en hardes, mais généralement deux par deux. Les vieux cerfs sont solitaires. Ils se tiennent aussi dans les grands bois. Au Népaul, nous n'en vîmes que deux ou trois dans les grandes forêts, mais depuis j'en ai souvent rencontré dans les jungles de l'Hymalaya.

Outre ces cerfs dont je viens de parler nous vîmes des *ravins* et *barking deer* mais comme nous n'en tuâmes aucun, dans cette expédition du moins, je n'en dirai rien.

Après les cerfs l'animal qui se trouvait en plus grande abondance était le sanglier (*Sus indicus*). On parle souvent en France de compagnies de sangliers, mais je ne sais pas si le mot compagnie peut s'appliquer aux troupeaux de ces animaux que nous rencontrions dans les hautes herbes et les marais des

plaines de la Coosy. Chez nous on considère qu'un sanglier de
trois cents livres est un beau spécimen de l'espèce et l'heureux
chasseur qui peut l'inscrire sur son carnet parle souvent de ce joli
coup de fusil qui se renouvelle rarement dans la vie. Quant à la bête
de cinq cents on en rit. On dit même qu'il n'est pas possible à un
sanglier d'atteindre à ce poids. Eh bien, dès la première chasse, dès
le premier kilomètre fait dans les grandes herbes, cette bête mons-
trueuse et presque fantastique s'est présentée à nos yeux. Le sanglier de cinq cents est assez commun dans ces pays. Si vous ren-
contrez une des compagnies de sangliers dont je viens de parler,
vous êtes presque certain d'y trouver une ou deux bêtes dépas-
sant ce poids. Mais, chose non moins curieuse, leurs défenses ne
sont nullement en rapport avec leur taille et leur poids. Elles
sont courtes, minces, mais généralement très bien affilées et leurs
propriétaires savent s'en servir avec une dextérité remarquable.
Le sanglier est de tous les habitants de la jungle, celui que l'éléphant craint le plus. Aussi faites-vous des battues et un sanglier
se lève-t-il sous votre éléphant ou le charge, celui-ci pousse ins-
tinctivement un rugissement plaintif et cherche toujours à s'enfuir, ce qui vous empêche la plupart du temps de pouvoir tirer.
La terreur des éléphants pour l'hôte de ces hautes herbes provient
de la hardiesse des sangliers qui chargent l'éléphant comme une
meute de bâtards et avec leurs petites défenses lui font de profondes entailles aux jambes et souvent même au ventre où le
cuir est beaucoup moins épais qu'en d'autres parties du corps.

Très peu d'indigènes mangent du sanglier. Ils sont ou mahométans ou brahmanistes. Dans le premier cas, ils ne peuvent
même pas y toucher sous peine de souillure et, dans le second,
ils ne peuvent pas en manger. Les parias seuls, c'est-à-dire les

membres de la dernière de toutes les castes, peuvent en consommer. Mais il convient aussi de le remarquer, pour cette caste il n'existe pour ainsi dire aucune restriction ni pour les aliments ni pour la boisson. J'ai souvent été obligé de descendre de mon éléphant au milieu de la boue des grands marais pour attacher moi-même à mon aowdah un sanglier que je venais de tirer et que mon mahawat mahométan se refusait à toucher.

En fait de quadrupèdes autres que ceux que je viens de nommer, nous n'avons rencontré que les chacals, les civettes et les lièvres.

Le chacal était une de nos grandes distractions au camp après le coucher du soleil. Souvent, pendant que, en compagnie du colonel de Parseval et de mon cousin Henri, nous faisions notre piquet à trois, sur un coin de la table où nous venions de dîner, les chacals attirés par l'odeur de la viande s'introduisaient jusque dans la tente, mais ils disparaissaient aussitôt poursuivis par tout ce qui nous tombait sous la main. Dans le calme de la nuit le cri du chacal, tantôt gai, imitant un rire moqueur, tantôt triste comme un enfant qui pleure, produit, pour la première fois, une curieuse impression sur le voyageur qui vient de quitter un grand centre européen et qui se trouve brusquement transporté au milieu du silence de la jungle. Peu à peu on s'y habitue, et bientôt même on ne peut plus s'en passer. Rien de plus amusant à observer que deux bandes de chacals chassant l'une vers l'autre et donnant de la voix comme une meute de chiens anglais, tandis que d'autres cherchent, en se cachant, à se rapprocher de l'animal chassé. Dans l'Inde les sentinelles indoues se servent des chacals pour se tenir éveillées de ville en ville. En effet, quand sur la muraille d'une forteresse retentit le cri de la sentinelle, à l'instant même, tout autour, les chacals se mettent à hurler ; le cri, par un effet de répercussion, parvient enfin à la ville la plus proche. La sentinelle de cette ville y répond et son cri est rapporté à son point de départ par le même procédé.

Quand on a vécu quelque temps dans l'Inde au milieu des chacals on finit par être tellement familiarisé avec leurs cris qu'on arrive à les imiter, à les laisser approcher et à entretenir en quelque sorte une espèce de conversation avec eux. Aussi au camp, en faisions-nous venir tous les soirs contre notre tente et souvent nous nous mêlions à leurs concerts (les seuls du reste dans lesquels la voix de mon cousin et la mienne aient jamais pu briller). Quand leur sérénade nous paraissait avoir assez duré, nous faisions parler la poudre au moyen d'un calibre 8; nos musiciens déguerpissaient et nous laissaient la paix. Mais la preuve qu'ils prenaient bien la plaisanterie, c'est que le lendemain, à nos premiers appels, ils arrivaient plus nombreux et avec plus d'entrain que la veille. Quelquefois seulement un sinistre aboiement se faisait entendre au milieu du gai concert et une forme blanchâtre se profilait dans l'ombre. C'était quelque loup affamé que l'odeur du camp attirait; aussitôt tous les fusils étaient dehors et un feu de file (du reste sans aucun résultat) faisait fuir l'intrus.

Une fois seulement notre concert fut interrompu subitement. C'était le rugissement du tigre. Quand on l'entend pour la première fois on se sent frissonner et lorsque tout à coup il retentit au milieu du silence de la nuit, tous les animaux fuient en gémissant. Dans le camp les éléphants font sonner leur trompette d'alarme et cherchent à se détacher, les bœufs mugissent, les chevaux piaffent et hennissent, les Indous battent du tambour, assis autour d'un grand feu. Le chacal, naturellement poltron, interrompt sa musique pour s'enfuir la queue entre les jambes ; il se retourne en gémissant, file de nouveau en pleurant puis se tient coi jusqu'au prochain rugissement. Nous autres chasseurs, nous sommes prêts à sauter sur nos fusils chargés au premier signe d'attaque de la part du grand félin. Mais chaque fois l'animal, après avoir rôdé autour du camp, a repris son chemin vers les grands bois où il reste blotti le jour à l'ombre de quelque gigantesque banian.

Les animaux dont je viens de parler sont ceux que nous rencontrions le plus souvent en chassant à éléphant ; je ne parle que des mammifères ; car, parmi les oiseaux il y en avait une telle abondance que je ne saurais les nommer tous. Je ne citerai que les principaux, ceux que nous trouvions en plus grand nombre et que leur beauté distingue de la foule innombrable des habitants de la jungle népaulaise.

Dans les grandes herbes (*Tiger Grass*) où l'on trouve, comme je l'ai déjà dit, tant de cerfs et de sangliers, la perdrix noire, sorte de francolin, se lève à chaque instant sous les pas des éléphants. Cet oiseau est un des plus jolis gibiers que je connaisse. Gros comme une perdrix rouge, il a les plumes du dos et du ventre noires marquées de taches blanches parfaitement rondes ; les ailes, la queue et les pattes sont grises. Le mâle, comme dans presque toutes les espèces d'oiseaux, a les couleurs beaucoup plus vives que les femelles qui sont entièrement grises. Ces perdrix sont rarement en compagnies mais se lèvent en général séparément. Leur chair est aussi délicate à manger que celle des perdrix de nos pays. Si nous nous étions occupés à tirer ces oiseaux nous aurions pu en tuer des quantités, mais nous ne les tirions habituellement qu'en revenant de la chasse au tigre après une journée de fatigue, alors que la nuit approchait, et pourtant nous en rapportions toujours un nombre qui, dans nos pays, ferait placer le tireur en bon rang au tableau pour une longue journée de chasse.

Lorsque nous suivions les rives marécageuses de la Coosy et les grandes plaines inondées et couvertes de grands roseaux, nous voyions alors se lever de véritables vols de toutes les espèces d'oiseaux aquatiques imaginables. Depuis la poule d'eau, grosse comme un roitelet, jusqu'à l'énorme grue appelée Cyrus, toutes les espèces étaient représentées. Celle que nous aimions le plus à tirer était la bécassine peinte. Ce charmant oiseau, un peu plus gros que notre bécassine, est couvert de plumes aux reflets dorés et marqués d'yeux comme les plumes de paon. Sa chair offre un manger très délicat. Son vol ressemble beaucoup plus à celui de la bécassine double ou de la bécasse qu'au vol de notre bécassine. Quand on tombe sur un bon coin de marais, par un jour de passage, on ne sait où tirer, et c'est à peine si l'on peut tenir son fusil tant il vous brûle les doigts. J'ai tiré certain jour, au-dessus de Bobia, dans un grand marais de longs roseaux, autour d'une flaque d'eau de quelques mètres carrés de surface, vingt-neuf de ces bécassines en cinq minutes, et autant au moins sont parties sans que j'aie pu les tirer.

Nous avons aussi rencontré plusieurs spécimens de bécassines de nos pays, des becs-fins et des chevaliers de toutes les variétés, mais, je le crois, la famille des poules d'eau présente le plus de diversités. Il y en avait de plus petites que des roitelets qui couraient sur l'eau comme des souris sur un tapis. D'autres, plus grandes, au plumage noir, le bec entouré d'une membrane d'un blanc jaunâtre leur donnant l'air de porter des lunttes, marchaient avec gravité sur les roseaux. D'autres enfin, de taille moyenne, sautillaient de lotus en lotus, perchées sur des jambes démesurément longues et ornées de doigts immenses qui se détachent sur les feuilles ainsi que les pattes des araignées sur un mur. Comme les poules d'eau que l'on rencontre sur nos rivières elles volent lourdement et ne sont pas très bonnes à manger.

Dans les mêmes terrains se rencontraient aussi les aigrettes blanches, les hérons de toute couleur, les butors de toute grandeur et de toute nuance, depuis le gris clair jusqu'au rouge pourpre. De loin en loin nous apercevions les grandes formes des Cyrus se promenant deux par deux dans les places où les roseaux manquent et où ils peuvent attraper plus facilement les grenouilles. Leur plumage est gris cendré et leur tête est coiffée d'une espèce de peau de couleur rouge qui est assez jolie. Ils sont très sauvages et se laissent difficilement approcher. Quand on les blesse ils deviennent très méchants et peuvent être très dangereux, car un coup d'aile ou de bec d'un de ces animaux, qui atteignent souvent jusqu'à sept pieds, peut parfaitement vous casser un membre ou vous éborgner.

En passant des plaines dans les forêts, on trouve souvent un oiseau assez joli et très apprécié des indigènes. C'est le florican, sorte de petite outarde noire aux ailes blanches et grises. Cet oiseau a la queue ornée d'une touffe de plumes roses aussi belles que les plus belles plumes d'autruche, d'une couleur ravissante et d'une finesse extraordinaire. Les Indous subtilisent toujours ces plumes et je n'ai jamais pu en garder un spécimen intact. Ils les vendent un prix insensé aux maharadjahs ; ceux-ci les remettent aux éventaillistes pour en garnir les éventails destinés à leur harem. Il faut avouer qu'en cela ils ont très bon goût, mais c'est très gênant pour les collectionneurs. La femelle du florican est grise avec quelques plumes blanches aux ailes.

Tels sont les principaux gibiers qu'il nous a été donné de tirer le plus souvent quand nous chassions à éléphant. Dans le prochain chapitre j'essaierai de décrire quelques-uns des animaux que j'ai tués dans un genre de chasse qui avait beaucoup d'attraits pour moi, mais que j'étais presque seul à pratiquer au camp. C'était pourtant la plus simple des chasses, la chasse à pied.

CHAPITRE II

LA CHASSE A PIED

La chasse à pied semble la plus naturelle et la plus simple des chasses aux Nemrods de nos contrées. Ils pensent, j'en suis sûr, qu'il est plus ordinaire de prendre son fusil et son chien et d'aller tirer le premier gibier venu que de se mettre en ligne, perché sur cette montagne vivante que l'on appelle éléphant. Eh bien, c'est une profonde erreur. D'abord les jungles où le gibier se tient sont si épaisses que c'est à peine si un éléphant peut s'y frayer un passage malgré sa force et son poids. Qu'on se rende compte de la somme de travail que devrait fournir un homme pour y pénétrer! Même à éléphant, ce n'est généralement que le coutelas à la main qu'il parvient à y avancer lentement. Ce travail long et pénible a le désavantage de faire beaucoup de bruit sans permettre de beaucoup avancer et de faire fuir le gibier à de grandes distances. Dans la forêt, au contraire, les arbres sont bien écartés, le sol est nu, mais les larges feuilles des arbres y concentrent la chaleur et on y suffoque; en outre, le gibier est rare et il faut marcher longtemps avant de. pouvoir tirer un coup de fusil.

Quant aux marais, il n'en est même pas question. Les roseaux
ont de dix à quinze pieds de hauteur et poussent dans une eau
vaseuse dont la profondeur varie de deux à six pieds et dont
on ne trouve même pas toujours le fond ; le large pied de l'éléphant peut seul, grâce à sa vaste surface, prendre un point d'appui
sur ces masses sans consistance où le pied de l'homme s'enfon-
cerait comme un couteau dans du beurre.

Une autre raison aussi empêchait généralement mes compagnons de chasser à pied : c'est que, depuis le point du jour, on
était à éléphant, en chasse, et on ne rentrait que vers les trois ou
quatre heures, souvent même plus tard. Une journée ainsi passée
au grand soleil sur un éléphant est assez fatigante, et en rentrant
au camp, quelques-uns, après le rafraîchissement réglementaire,
— le « whisky peg », — allaient se reposer à l'ombre de leurs
tentes ; d'autres lisaient ou écrivaient ; mon cousin développait les
plaques photographiques qu'il avait faites dans la journée. Je me
trouvais ainsi fort souvent seul de ma bande, et, suivi de Léon et
de mon fidèle Tom, je prenais un bon fusil, un bon couteau, et,
après avoir remplacé le monumental « sola topie » par un léger
feutre, je partais en quête de quelque gibier. La plupart du
temps, mon fusil de prédilection était un 12 à un coup, se chargeant par la bouche, pourvu d'un canon excessivement long et
fort. Avec cette canardière, je pouvais mettre une charge de
poudre et de plomb à ma convenance et la mieux appropriée au
genre de gibier et à la distance à laquelle je voulais tirer. En outre,
il portait très bien la balle. C'est ce fusil qui m'a servi à descendre
presque tous les oiseaux qui ornent à présent ma collection.

Mon terrain de chasse préféré était, quand la chose était
possible, une jungle traversée par des sentiers, des prairies ou

des cours d'eau. En parcourant lentement le soir ces différentes
voies, en prenant soin d'écouter, de scruter d'un œil attentif
tous les recoins de la jungle, j'arrivais toujours à trouver quelque
animal valant la peine d'être tiré. D'autres fois, je rencontrais un
bosquet isolé au milieu de la plaine, et me servant de quelques
indigènes je le faisais battre sans peine.

C'était surtout dans les grandes jungles de la rive gauche de la
Coosy que je me livrais à mon sport favori. Là, dès que le soleil
commençait à baisser à l'horizon, on entendait le chant gai et
perçant du coq de jungle. Ce charmant gallinacé, dont descendent
nos animaux de basse-cour, est à peu près semblable à ceux-ci,
mais ses couleurs sont bien plus vives ; les plumes ornant son
cou sont très longues et d'un reflet cuivré d'une couleur ravissante. Les éperons sont excessivement développés et il s'en sert
fort agilement. Lorsqu'on l'entend chanter, on n'a qu'à se diriger
vers lui en se traînant sans bruit au milieu de la jungle. On
l'aperçoit alors ordinairement dans une petite clairière ou au bord
d'une jungle, se promenant dressé sur ses ergots, se rengorgeant
sous ses plumes cuivrées et surveillant les poules qui picorent
tout autour de lui. On dirait, à le voir ainsi aux rayons mou-
rants du soleil, un gardien chargé de surveiller quelque harem.
Au moindre bruit, il se tourne du côté d'où il suppose que
peut venir le danger. Les poules disparaissent dans les buissons
et quand la dernière a quitté la clairière il s'enfuit à son tour.
Il ne vole pas volontiers, mais il court avec une étonnante
rapidité. C'est, dans son genre, un des animaux les plus durs
à tuer que je connaisse. Le tire-t-on à une certaine distance,
le seul espoir est de le désailer, car son plumage forme une
cuirasse impénétrable. J'ai quelquefois tiré jusqu'à six coups

de gros plomb sur un coq ainsi désailé, avant de l'arrêter dans sa course. La jeune poule de jungle est un plat aussi délicat que le meilleur de nos faisans.

Un autre cri que l'on entend souvent dans ces solitudes et qui nous rappelle les beaux jours de notre enfance passée dans quelque château, c'est le « hé! oh! » des paons. Ce cri auquel répond le « cocorico » du coq me fait oublier que je suis au milieu des jungles du Népaul et me reporte par la pensée à trois mille lieues de là, dans un beau parc auprès d'un château qu'entourent des jets d'eau qui ne se taisent ni jour, ni nuit. Mais le cri de l'oiseau moqueur me ramène bientôt à la réalité et je ne pense plus qu'à poursuivre cet hôte superbe des grandes jungles. Les paons sauvages, un peu plus gros que notre oiseau domestique et aux couleurs plus vives, se réunissent généralement en bandes de cinq ou six. Ils marchent sous les grandes feuilles d'un air digne, regardant de droite et de gauche, faisant la roue quand une clairière leur permet d'étaler au soleil les mille yeux de leur magnifique queue. Ils aiment aussi beaucoup à se percher sur la cime de quelque vieil arbre mort de manière à surveiller ce qui se passe autour d'eux. Je me rappellerai toujours l'impression que nous causa le premier paon qui se leva dans une plaine d'herbe courte, et qui étalait devant nous, au soleil tropical, sa queue bien ouverte dont chaque plume paraissait comme un chatoiement de pierres précieuses. C'est presque dommage de tuer un si bel oiseau, mais le coup de fusil est beau et plus difficile qu'on ne le suppose. Par-dessus le marché, un jeune paon est un vrai régal.

Dans les mêmes bois fréquentés par les deux oiseaux dont je viens de parler, se trouve aussi un des oiseaux les plus curieux et assurément le plus ridicule à ma connaissance. C'est le toucan. Nous en avons rencontré trois espèces dans cette expédition : le toucan ordinaire, le petit toucan gris et le roi des toucans. Le premier, que j'ai vu le plus souvent, ressemble beaucoup par la couleur de ses plumes et son vol à la pie commune de nos pays. Un peu plus gros que celle-ci, la queue, les ailes et la poitrine noires, le toucan a les pattes et le dessous des ailes blancs. Mais son originalité est un immense bec hors de proportion avec la grosseur de son corps, surmonté de plus d'une espèce de second bec ou tube cornu plus gros encore que le bec véritable. Les mœurs de ces oiseaux sont très curieuses. Ils font leurs nids dans le creux d'un vieil arbre que leur formidable bec a creusé. Dès que la femelle a pondu, le mâle, se servant de son bec comme d'une truelle, bouche l'entrée du trou, ne laissant à son épouse ainsi enfermée qu'un espace suffisant pour passer la tête et recevoir la nourriture que l'époux lui apporte. C'est sans doute pour mettre la couveuse à l'abri des attaques des oiseaux de proie que le vigilant mari prend cette précaution, mais peut-être aussi pour éviter à sa moitié la tentation d'abandonner son nid et de courir les bois au lieu de donner, comme une bonne mère, tous ses soins à sa progéniture. Ces animaux sont probablement plus philosophes et plus intelligents que leur ridicule apparence ne le ferait supposer.

Le petit toucan gris est sensiblement plus petit que l'autre; il est absolument gris ardoise avec des reflets bleus autour des yeux. Son bec, qui est beaucoup plus petit que celui du toucan ordinaire, est presque noir au lieu d'être blanc ce qui lui donne l'air d'être mieux proportionné quant au reste du corps.

Le roi des toucans est un très gros oiseau de la taille d'un vautour, son double bec supérieur est très développé et relevé vers l'extrémité. Il est très sauvage et ne se laisse pas approcher ; je n'en ai vu qu'un et je n'ai jamais pu le tirer à plomb. Les toucans se nourrissent de fruits qu'ils cueillent au moyen de l'extrémité de leur bec, ils le jettent en l'air d'un mouvement brusque de la tête en arrière, puis ils le reçoivent dans leur gosier en ouvrant largement leur énorme bec qu'ils referment ensuite avec un claquement sec des plus particuliers. Rien n'est plus amusant et en même temps plus intéressant que de s'arrêter devant une compagnie de toucans en train d'avaler des cerises. On dirait une bande de jongleurs. Ils ne manquent jamais leur coup et l'on entend les claquements secs de leurs becs se succéder régulièrement comme des coups de marteaux. En même temps ils ont l'air d'être terriblement gênés par le ridicule appendice dont est pourvu leur bec.

En continuant de marcher dans ces jungles on fait lever partout de véritables nuées de tourterelles et de pigeons de toutes les espèces. Quiconque n'a pas vu ces bandes d'oiseaux de toutes sortes ne peut s'en faire une idée. Chaque arbre, chaque feuille cache un couple de ces charmantes colombes. Les unes, presque blanches, ont un léger collier noir autour du cou ; d'autres, d'un joli vert à reflets d'acier, ont le bec, les yeux et les pattes rouges. Elles sont, du reste, excellentes à manger. Le pigeon que l'on rencontre le plus fréquemment dans ces parages est le ramier. Il ressemble beaucoup au nôtre, à ces différences près, qu'il a le cou d'un jaune verdâtre et qu'il est un peu plus gros. Sa chair est délicieuse et plus fine que celle du ramier de nos forêts.

Le doux roucoulement de ces oiseaux de Vénus est constamment interrompu par les cris stridents et agaçants des perroquets.

Ces oiseaux, qui ne peuvent pas tenir en place une seconde, se réunissent en grandes bandes, ils volent dans toutes les directions en poussant des cris aigus, puis viennent se poser sur le sommet des arbres et se mettent à jacasser en faisant autant de bruit que les étourneaux dans les soirées d'hiver. Au moment des récoltes, ces perroquets constituent une véritable plaie pour le pays où ils se trouvent. Ils se réunissent par vols de plusieurs milliers, s'abattent dans les champs et en détruisent la moisson en un instant. Ils reprennent leur vol en criant et vont s'abattre sur un autre champ qu'ils ravagent de la même manière. Si vous tirez un coup de fusil dans ces bandes vous serez étonné des espèces variées qui les composent. Parmi ces perroquets, le plus commun est un assez gros oiseau vert à queue jaune en dessous ; d'autres ont un collier jaunâtre ou noir ; d'autres encore ont la tête violette ; d'autres, enfin, ont un collier rouge sang et une tache de la même couleur à l'extrémité de chaque aile. Je ne saurais énumérer les différentes variétés de ces oiseaux que l'on abat par centaines, pour faire parler la poudre et aussi pour se former la main, comme on le fait chez nous au tir aux pigeons. Mais ce n'est pas un tir facile. Ces charmants hôtes du bois volent aussi vite qu'une hirondelle, font des crochets comme les bécassines, ont une queue assez longue pour faire illusion au tireur. Ils ont, en outre, la prudence de se tenir à une distance assez respectable de l'homme qui paraît animé de dispositions hostiles à leur égard, tandis qu'ils sont d'une familiarité agaçante pour l'indigène non armé qui essaye, mais en vain, de protéger son champ contre leurs dévastations.

Souvent, en avançant doucement dans ces bois, on est tout étonné d'entendre des espèces d'aboiements comme si deux

chiens se disputaient un os. On regarde de tous côtés et l'on finit
par découvrir, au milieu des feuilles vertes des arbres de haute
taille, une tête noire à grande barbe blanche qui vous regarde en
grimaçant. Ce sont les « langours » espèce de grands singes aux
longs poils gris, à la queue prenante. Leur figure noire et pour
ainsi dire cirée est entourée d'un collier de barbe blanche et
d'une épaisse tignasse de même couleur. Ces singes, qui indi-
viduellement sont inoffensifs, peuvent devenir assez méchants
quand ils sont en troupes. Un jour, au Népaul, j'attrapai un
jeune langour. Toute la bande courut après moi en criant et
en gesticulant. Bientôt ils s'enhardirent au point de se rapprocher de moi ; ils me lancèrent des branches d'arbres, des fruits
et tout ce qui tombait sous leurs mains aussi noires que leurs
figures. Ils en vinrent même à poursuivre mon chien qui se sau-
vait en se débattant. Je fus obligé d'en tuer un ou deux pour
m'en débarrasser, mais en tirant je laissai échapper ma capture
qui fut aussitôt reprise par sa mère et toute la bande disparut
comme par enchantement en continuant de pousser ses grognements particuliers. Il m'est arrivé d'en rencontrer qui atteignaient
sept pieds et qui attaquaient les plus gros chiens sans provocation.
J'en ai tué beaucoup dans ce pays. Leur poil est très long et fournit une superbe fourrure. Ces animaux causent de grands dégâts
aux cultures, surtout aux plantations de canne à sucre, qu'ils
saccagent complètement.

D'autres petits singes, genre de macaques bruns, se rencontrent aussi très souvent et égayent par leurs gambades et leurs
jeux les solitudes de la jungle. Mais outre qu'ils sont sacrés au
Népaul, il n'est pas agréable de tirer ces pauvres petits êtres qui
ressemblent tant à des créatures humaines. A part un ou deux

spécimens de l'espèce que je désirais posséder pour ma collection, je les ai toujours respectés.

Vers le soir, quand la nuit commence à tomber, on entend le cri monotone du grand-duc. Cet oiseau est un très joli coup de fusil. Malgré la grosseur et la lenteur apparente de son vol, il n'est pas du tout facile à tirer. Au moment où l'on s'y attend le moins, il sort en criant d'un creux d'arbre en faisant des crochets comme une bécasse ; il vous passe sous le nez, effleure votre main de son aile sans que vous entendiez le bruit de son vol. Les indigènes, je ne sais pourquoi, ont un certain respect pour cet oiseau nocturne aux grands yeux jaunes et dont la tête est surmontée de deux plumes en guise de cornes.

Je ne parlerai pas des milliers de charmants petits oiseaux, qui, à chaque pas, s'envolent, en étalant au soleil les mille couleurs de leur plumage. Pourtant l'oiseau cardinal aux vives couleurs rouges qui lui ont valu son nom, m'a bien souvent fait courir des heures entières les jungles du Nepaul. J'avais un attrait particulier pour ce moineau à la robe de sang ; je n'en pouvais voir un sans chercher à le tirer.

L'oiseau de Paradis seul pouvait me détourner de la poursuite du cardinal. Mais aussi quelle merveille ! Ses couleurs changeantes, ses plumes ondoyantes et ce superbe panache de longues plumes blanches qui lui sert de queue attireraient tout le monde. L'emploi d'une arme à feu contre une pareille merveille de la création me semblait une profanation et j'aimais à considérer ce ravissant petit animal pendant que le souffle tiède de la plaine gonflait ses flots de plumes multicolores.

A défaut des jungles ou des forêts, j'avais toujours la ressource de me promener le long de la Coosy ou de quelque étang marécageux et Dieu sait que le gibier n'y faisait pas plus défaut qu'ailleurs.

Généralement le premier animal qui attirait mon attention dans ces expéditions à pied le long des cours d'eau, était le crocodile. Cette espèce de gros lézard se rencontre surtout sur les bancs de sable exposés au midi. Là, on pouvait voir, se chauffant aux rayons ardents du soleil, des rangées de ces reptiles géants dont quelques individus dépassaient huit mètres. L'espèce la plus commune, l'alligator, a la forme d'un lézard ; toutefois la tête est terminée par un immense bec armé de deux rangées de formidables dents pointues et tranchantes. Le crocodile à tête de chien, plus rare dans ces contrées, ne possède pas cet appendice, sa peau est plus fine et plus brune que celle de l'alligator. Celui-ci se nourrit presque exclusivement de poissons, tandis que l'autre s'accommode fort bien de la chair humaine. Un spectacle assez curieux et auquel il m'a été donné plusieurs fois d'assister, c'est la capture d'un buffle par un crocodile. Lorsqu'un troupeau traverse les cours d'eau où les crocodiles sont nombreux, on voit tout à coup un des plus jeunes individus du troupeau ralentir sa marche puis s'enfoncer peu à peu en poussant des cris de terreur et de douleur. Bientôt il disparaît au milieu de l'eau que son sang rougit. C'est qu'un crocodile à tête de chien l'a saisi par les pattes ou le ventre et l'a entraîné au fond de la rivière où il le dévore à son aise. Aussi quand les bergers doivent traverser des rivières où ils redoutent l'attaque de ces dangereux ennemis, se mettent-ils toujours sur le dos du mâle le plus gros et le plus vigoureux, les crocodiles ne s'attaquant jamais à un tel adversaire.

S'il est assez facile de tirer un crocodile, il est extrêmement difficile de l'avoir. Quand je dis facile de le tirer, j'entends pour un chasseur qui, muni d'une bonne carabine d'assez fort calibre, peut mettre à une centaine de mètres sa balle où il veut. Le crocodile n'a en effet qu'un seul point vulnérable et où la blessure cause une mort presque immédiate : c'est le défaut de l'épaule. Tout son corps est recouvert d'une épaisse cuirasse que les balles ont peine à traverser et sur laquelle elles glissent souvent sans l'entamer. Sous cette enveloppe se trouve une couche de graisse qui amortit parfaitement une balle ayant déjà perdu une grande partie de sa force en traversant le cuir. Derrière l'épaule, au contraire, la peau est très mince en raison des plis qui permettent à la patte de devant de se mouvoir. Il est presque inutile de viser l'animal à la tête ; c'est une masse osseuse très compacte et très dure, n'offrant que peu de chances de pénétrabilité au projectile; toutefois on peut le viser à l'œil, mais l'organe visuel du crocodile est placé très en avant du cerveau et la balle peut le traverser sans pénétrer dans la masse cérébrale. La forme plate de la tête de ces sauriens rend les ricochets presque inévitables puisqu'on les tire généralement sous un angle excessivement fermé.

Les crocodiles, comme je l'ai déjà dit, ont l'habitude de se traîner hors de l'eau et de s'étendre sur le sable au soleil. Mais ils ont toujours la tête tournée vers la rivière et ne s'en tiennent éloignés que de quelques centimètres. Au moindre mouvement ils peuvent s'y plonger en glissant sur leur ventre. Si l'on parvient à tirer le crocodile d'assez près et à introduire la balle au défaut de l'épaule l'animal est mort, mais si, à ce moment, il fait le moindre mouvement, son poids l'entraîne et il tombe à l'eau. Alors il est perdu pour le chasseur, car il coule avec autant de rapidité qu'une balle de plomb et va droit au fond. Là il séjourne jusqu'à ce que les gaz qui se dégagent par la putréfaction aient suffisamment gonflé son corps pour le faire flotter, mais il revient à la surface de l'eau dans un état tel qu'il est inutile de songer à y toucher. J'en ai perdu ainsi des quantités surtout des plus gros qui, deux ou trois jours après, descendaient le cours de la rivière, poursuivis par les vautours et les oiseaux de proie s'acharnant à attaquer leur épaisse cuirasse.

C'est une chasse très passionnante, car le crocodile avec son petit œil malin a toujours l'air de dormir, mais il y voit excessivement bien et de loin. Pour l'approcher il faut souvent se traîner à plat ventre sur le sable brûlant, pendant plusieurs centaines de mètres et traverser parfois des flaques d'eau ou de boue gluante qui ne facilitent guère le « staulking ». Il est plus agréable de se laisser aller à la dérive dans une barque et de tirer les sauriens du milieu du cours d'eau, mais ces animaux sont très défiants. Ils disparaissent dans les flots à la vue du moindre objet suspect.

La tortue que l'on rencontre le long des berges des rivières, est aussi malaisée à tirer que le crocodile. Recouverte d'une carapace plus dure et plus résistante que la cuirasse du crocodile, la tortue a l'habitude de se percher sur les crêtes des berges minées par l'eau. Là elle se chauffe au soleil et se laisse tomber à l'eau comme une pierre à l'approche du danger. Inutile de remarquer que le plomb ne sert à rien contre le blindage dont elle est revêtue et qu'il faut une carabine d'une grande pénétration pour que la balle ne ricoche pas et traverse l'écaille. J'en ai souvent tué avec mon paradox, la forte charge et la masse de plomb de la balle parviennent facilement à transpercer la carapace.

L'écaille de la tortue est très jolie et fort recherchée ; sa chair sert à préparer une délicieuse soupe.

Rien de plus curieux que de voir de grosses tortues nageant dans une eau un peu trouble. Leur grosse tête, qui ressemble absolument à celle d'un énorme serpent, émerge seule au-dessus de l'eau. Il m'est arrivé bien souvent de commettre cette méprise et de les tirer, les prenant pour des serpents d'eau.

Ces animaux se trouvent en grand nombre près des « Burning-Ghats », sortes de plages où les Indous incinèrent leurs morts et les jettent à la rivière. Les tortues, attirées par les débris humains, qu'elles dévorent avec avidité, accourent par douzaines dans ces parages, et là en faisant du bruit ou en jetant des pierres dans l'eau, on voit immédiatement apparaître leurs têtes hideuses.

Dans les rivières larges et sablonneuses, on rencontre de grandes bandes de canards et d'oies auprès desquelles les passages de nos pays sont fort peu de chose. Au Népaul, le sable des rives en est noir. Quand on peut parvenir à les approcher on en fait un véritable massacre. Mais, en général, ces oiseaux se gardent très bien et une de leurs espèces surtout fournit de vigilantes sentinelles, ce sont les casarthas ou oies du Nil (*Bruni-nides ducks*) au corps jaune et aux ailes presque blanches. Ces oiseaux sont généralement appariés et font la garde tout autour des bandes de canards ou d'oies. Dès qu'ils aperçoivent quelqu'un ils se mettent à marcher, puis se lèvent en faisant entendre un cri strident presque aussi aigu qu'un coup de trompette. Ils tournent longuement en cercle en répétant le même cri, font lever tous les canards qui barbotent aux environs et dérangent ainsi la chasse. Je me vengeais sur eux en les tirant impitoyablement chaque fois que l'occasion s'en présentait. Par malheur, ils ne sont bons à rien, leur chair huileuse est absolument immangeable.

Les autres espèces de canards fréquentant surtout ces parages sont le siffleur (*pintail*) et une variété de canard à bec effilé dont le nom anglais est *Schuffeler*. On y rencontre aussi assez fréquemment la sarcelle. Il y en a une espèce très jolie, presque blanche, à tête noire, que l'on appelle la « sarcelle de coton ». Les plongeons et les grèbes se voient parfois sur les étangs, mais rarement sur les rivières.

Un oiseau très singulier, et dont je ne parlerai ici qu'à cause de sa rareté, se trouve quelquefois sur le bord des rivières boueuses et poissonneuses, traversant les jungles : c'est l'oiseau-serpent. Cette espèce de cormoran au cou démesurément long, terminé par une vraie tête de serpent armée d'un bec pointu, mérite bien son nom. Quand on le voit, il nage entre deux eaux, et ne laisse dépasser que son long cou et sa tête. Son plumage noir est tacheté de blanc. Les plumes du dos sont longues et aussi rigides que des plaques de fer. Il se perche sur les arbres au-dessus des cours d'eau et fond sur sa proie. Son vol est lourd mais rapide. En somme, c'est un cormoran.

Sur ces mêmes rivières, volent une quantité d'oiseaux aux couleurs vives qui planent comme des émouchets et soudain se laissent choir d'aplomb dans l'eau, d'où ils ressortent tenant au bec un petit poisson qu'ils vont dévorer sur le tronc d'un vieux saule. Ce sont des martins-pêcheurs. Mais il y en a une variété tellement considérable, que la réunion de tous les spécimens des martins-pêcheurs de cette contrée fournirait à elle seule une très riche collection. Les uns sont blancs et noirs; les autres, bleus

et rouges, gros comme des corbeaux; d'autres encore, de couleur
mauve, sont aussi petits que les roitelets. Si je voulais décrire
toutes les variétés de ces charmants martins-pêcheurs népaulais,
ce serait entreprendre un récit interminable.

Comme curiosité, on peut rapprocher l'ibis noir à tête rouge
de l'oiseau-serpent. Cet oiseau, de la grosseur d'une poule, est
absolument noir, à l'exception de quelques plumes blanches aux
ailes et d'une espèce de calotte rouge et grise qui lui recouvre le
crâne ; il a le bec long et recourbé. J'ai rarement vu un oiseau
aussi difficile à approcher. Je me souviendrai toujours de ma
peine à me procurer les deux spécimens que j'ai rapportés (les
deux seuls tués pendant notre voyage). Après un essai infructueux,
pendant près d'une heure, pour les approcher, je les vis se poser
dans une plaine marécageuse. J'avais mon fusil à baguette
calibre 12, à canon très long (mon fusil de collectionneur), j'y
mis double charge de poudre et demi-charge de plomb, puis, me
traînant pendant plus d'un demi-kilomètre sur le ventre et les
mains, j'arrivai à une soixantaine de mètres de la paire qui
s'envola; je fis feu avec la satisfaction de voir les deux beaux
oiseaux tomber comme des masses. C'est un de mes coups de
fusil les plus agréables au cours de mon expédition. Mais ce
résultat m'avait coûté bien de la peine.

Dans la même localité, j'eus au moins autant de peine à approcher un couple de ces gigantesques cyrus dont j'ai déjà parlé,
mais cette fois mes efforts furent en pure perte et ma proie
m'échappa. J'avais vu à une grande distance ces deux beaux animaux qui se promenaient majestueusement sur une sorte de
gazon absolument ras. Désespérant de les approcher d'assez près,
je pris une carabine, et « en avant marche » ! Mais, bientôt, je

m'aperçus que ce que javais pris pour un beau gazon vert n'était autre chose qu'une couche d'herbes aquatiques recouvrant une profonde nappe d'eau. La couche s'enfonçait sous chacun de mes pas. J'entrais dans l'eau jusqu'à la ceinture ; quand je levais les pieds, la couche remontait au fur et à mesure, et j'étais obligé de marcher comme si je montais continuellement un escalier, dont chaque marche se serait abaissée sous la pression de mon pied. Heureusement, la couche d'herbes était solide et élastique, car si elle avait cédé je me serais tout bonnement enfoncé dans le marécage et la surface herbeuse se serait refermée sur moi. De telles réflexions ne me vinrent pas à l'esprit ; toutes mes facultés se concentraient sur ce point : marcher et essayer d'approcher les grues qui, de leur pas calme et majestueux, semblaient s'éloigner à mesure que j'avançais. Quand je parvins à environ cent mètres d'elles, je crus le moment favorable pour les tirer. Des plumes volèrent et l'oiseau me regarda un instant comme s'il était blessé. Je m'élançais, mais, ô désespoir ! il s'envola lentement, montrant sur le ciel un large trou dans une de ses ailes. Les deux oiseaux n'avaient pourtant pas l'air d'être très effrayés, car ils se reposèrent un peu plus loin. Je me remis à leur poursuite, et pendant quatre heures de ce pénible exercice je demeurai courbé dans l'eau, espérant à chaque instant en voir tomber un sous mes coups : espérances vaines, car, vers le soir, je les vis s'envoler et quitter définitivement le lac. J'eus toutes les peines à en sortir. Je revins au camp trempé d'eau et de sueur, et, en outre, brisé de fatigue et furieux de mon insuccès.

Par bonheur, en retournant vers le camp, je vis, sur un vieil arbre mort, un grand nombre de cigognes blanches et noires dormant posées sur une patte. Je m'approchai avec précaution et me vengeai sur elles de ma guigne. Deux oiseaux tombèrent, deux belles cicognes noires dont l'une était énorme. Les autres, réveillées en sursaut, s'envolèrent en poussant des cris déchirants et se perdirent dans le ciel en décrivant d'immenses cercles. Le même jour et presque au même endroit, je tirai à balle avec mon paradox un énorme marabout. Cet affreux animal, aux longues jambes d'un rose sale, à tête chauve et hideuse, au jabot blanc et aux ailes noires, est très intéressant à considérer. Il marche lentement, portant le poids de son corps d'une patte sur l'autre, semblant réfléchir. On dirait un académicien qui rumine un important discours.

Je ne parlerai pas ici de la chasse au lièvre, à la perdrix ou à la caille. Quiconque l'a pratiquée sait à quoi s'en tenir. La seule différence entre la chasse dans nos pays et la chasse au Népaul provient de ce que, dans cette dernière contrée, on est sous un soleil de plomb et que les champs de luzerne ou d'avoine sont remplacés par des plantations de coton ou de canne à sucre. La perdrix diffère de couleur, mais son vol est le même. Quant à la caille, on en trouve plusieurs espèces, dont une toute petite, à gorge rouge, assez jolie. Le lièvre est semblable au nôtre, quoique plus petit; ses poils sont excessivement longs. Je ne sais pourquoi dans l'Inde où le gibier foisonne, cette espèce est si rare. Quant au lapin, il est absolument inconnu à l'état sauvage.

J'aimais à pratiquer un tir fort distrayant, et qui exige une certaine adresse, le tir à balle des vautours et autres oiseaux de proie qui venaient rôder autour de notre camp. Dès qu'on dépouillait un animal et que ses restes avaient été jetés dans quelque coin, à une certaine distance du camp, on voyait surgir immédiatement des vautours et des aigles qui s'abattaient dessus et s'en disputaient les débris. Fait très curieux, dans un pays où l'on ne découvre pas un seul oiseau de proie à plusieurs kilomètres à la ronde, ceux-ci accourent à la curée dès qu'il a été procédé au dépouillement d'un animal quelconque. De petits points noirs apparaissent d'abord dans le ciel ; bientôt ils grossissent et enfin de gros vautours s'abattent les ailes ouvertes sur la proie que leur vue ou leur odorat leur a fait découvrir à des distances considérables. D'où viennent-ils ? où étaient-ils ? comment ont-ils pu voir ou sentir à une pareille distance ? Autant de questions auxquelles je me déclare incapable de répondre. Mais le fait est là et je le constate.

Donc au bout de peu d'instants un grand nombre de ces oiseaux de proie planaient en l'air, rétrécissant continuellement leurs cercles. Nous nous amusions souvent à les tirer à balle et c'était un plaisir de voir ces gros oiseaux noirs, au jabot blanc et au cou dénudé, recouvert d'une peau rouge, tomber d'une grande hauteur les ailes ouvertes, décrivant dans leur chute une espèce de spirale. D'autres fois, quand ils se repaissaient depuis quelque temps déjà sur la dépouille d'un tigre ou de quelque gros gibier, il y en avait une si grande quantité et ils étaient tellement gavés qu'il devenait impossible de les effaroucher et de les faire lever. Quelques enragés brûleurs de poudre, dont j'étais, se réunissaient alors. Nous faisions feu à coups de revolver sur la masse qui se dispersait en courant les ailes ouvertes sans réussir à s'enlever. Nous en tirions ainsi des quantités. Les autres revenaient bientôt et dévoraient les morts et les blessés.

Souvent aussi j'ai vu de beaux aigles venir planer au-dessus de ce spectacle de carnage. Il n'y en a qu'un à ma connaissance qui en impose aux vautours, c'est le Gypaète lamergaier. Cet oiseau, aux ailes de dix pieds d'envergure, est vraiment beau à voir et je comprends la crainte qu'il inspire aux autres animaux de proie. Il est aux vautours ce que le tigre est aux chacals. C'est dans le genre un des plus beaux coups de fusil que l'on puisse faire. J'en ai tué à balle et à plomb des deux espèces. L'une a la tête entièrement noire, l'autre l'a presque blanche mais dorée sur le sommet.

Les autres aigles que j'ai aussi souvent tirés dans ces parages sont l'aigle royal, impérial, pêcheur, serpentaire, etc. Les milans se trouvent aussi en nombre infini ; les plus jolis sont : le milan braminé (rouge et blanc) et le milan blanc et noir. On ne comprend pas qu'avec une telle quantité d'oiseaux de proie de toutes espèces il reste encore tant de gibier dans cette contrée.

Quand on arrive aux Indes, on se figure qu'à chaque pas on va marcher sur un serpent et l'on regarde partout dans la crainte de tomber sur un de ces cobras (le fameux serpent à lunettes) dont la terrible morsure tue inévitablement en moins de quelques minutes. Eh bien, cette terreur des reptiles est, à mon sens, fort exagérée en ce qui concerne le Népaul. Pour ma part je n'en ai vu que très rarement. Je n'ai même vu de cobras que deux fois. La première en chassant la caille, mes hommes s'enfuirent épouvantés ; je m'approchai de l'endroit et je vis à quelques pas de moi un charmant serpent brunâtre dormant à l'entrée d'un trou, à côté d'un chapelet d'œufs fraîchement pondus. Un coup de petit plomb a bientôt détruit une grande partie du terrible cobra. La seconde, mes hommes en virent un autre dans une petite touffe d'herbes sèches et de broussailles. J'y mis le feu mais je ne retrouvai aucun vestige du serpent à lunettes. Quant aux boas, ces gros serpents dont la morsure est inoffensive, nous en rencontrâmes plusieurs fois, j'en ai même rapporté des peaux dont la plus grande mesure une vingtaine de pieds. Mais je le répète, je n'ai jamais vu aux Indes cette fourmilière de reptiles que des récits évidemment fantaisistes m'avaient préparé à y trouver. Il est vrai, les statistiques prouvent que des milliers de morts résultent chaque année de morsures de serpents, mais les victimes sont généralement des indigènes qui marchent nu-pieds dans les hautes herbes. Il est bien rare d'entendre dire qu'un Européen soit mort d'une morsure de serpent.

Telle est la nomenclature résumée des principaux animaux que j'ai pu, avec mes compagnons, rencontrer dans nos excursions à pied au milieu des jungles et des plaines du Népaul. Il est, je crois, inutile d'ajouter qu'il s'y trouve en outre quantité de gibiers de poil et de plume. Je n'ai pas cru nécessaire de les nommer soit qu'ils n'offrent rien de curieux ni d'intéressant, soit que les mêmes oiseaux ou animaux habitent nos contrées. Je demande donc pardon à ces charmants hôtes des solitudes du Népaul de mon silence, quelqu'ait été mon plaisir à leur faire la chasse ou à les observer, me reportant par la pensée vers la vieille Europe où j'avais appris à les connaître et aussi à les abattre.

CHAPITRE III

LA CHASSE A CHEVAL. — PIG STICKING

Je dirai seulement quelques mots d'une des chasses les plus
intéressantes et peut-être même la plus passionnante qu'il y
ait aux Indes. C'est la chasse du sanglier à la lance. Malheureusement, dans la contrée où nous nous trouvions, le terrain marécageux d'un côté, les hautes herbes de l'autre, nous
ont presque toujours empêché de nous livrer à ce genre de sport.
Mais nous étions trop enragés pour y renoncer tout à fait. Aussi
les jours où les autres chasses nous laissaient des loisirs, nous
montions à cheval sur d'excellents petits poneys du pays qui
accompagnaient notre camp à cet effet. Armés de lances en
bambou de huit à neuf pieds de long, nous marchions à travers
les longues herbes chargeant à fond de train tout ce que nous
voyions remuer. C'était le plus souvent un pauvre chacal
galeux ou un chacal blessé par quelqu'une de nos décharges
nocturnes. Au bout de quelque temps, voyant que le terrain
nous empêchait presque toujours de poursuivre notre proie,
nous y renonçâmes. Je sortis pourtant encore assez souvent à

cheval, mais alors un léger fusil calibre 28 avait remplacé la lance. Avec ce bon petit fusil que je tirais d'une main comme un pistolet je m'amusais beaucoup. Dès que je voyais un animal fuir devant moi, je piquais des deux. Bientôt je m'en rapprochais assez pour pouvoir, tout en galopant derrière lui, lâcher un coup à balle et bien souvent j'ai eu le plaisir de voir rouler la bête. A défaut du « Pig Sticking » je trouvais ce sport très amusant et j'y ai passé de bien charmants après-midi.

Mais cette chasse, si séduisante et amusante qu'elle soit, ne peut se comparer à la chasse à la lance, ainsi que je pus m'en rendre compte plus tard dans les plaines de l'Inde anglaise. Il faudrait écrire un volume entier sur cette matière pour en donner une idée. N'ayant pas l'intention d'entreprendre pareil labeur, je vais seulement raconter une de ces chasses auxquelles j'assistais l'hiver suivant près de Delhi.

Nous partîmes de notre garnison, un peu avant le jour, dans un grand char à bancs. Nous étions une douzaine de chasseurs, tous officiers de la garnison et nous connaissant parfaitement bien. Nos chevaux étaient allés à petites étapes l'avant-veille et nous devions les retrouver sur notre terrain de chasse. Il y avait environ vingt-deux milles à faire en voiture. Malgré le froid assez vif à cette époque de l'année avant le lever du soleil, nous étions tous de bonne humeur et la route nous sembla courte. Nous traversâmes de grandes plaines où s'avançaient des caravanes de marchands de chevaux venus de l'Afghanistan et du Bélouchistan. Bientôt nous arrivâmes dans un petit village où la population commençait à s'éveiller et à se répandre dans toutes les directions, cherchant à se réchauffer au soleil levant. Après un tournant nous fûmes à un ancien bungalow presque abandonné où quelques chevaux paissaient encore en liberté. Sous un bouquet de mangliers notre table se trouvait dressée et le « Chota Hazri » (déjeuner du matin) acheva de nous réchauffer.

Nous enfourchons nos montures, et armés de nos lances nous nous dirigeons vers le petit bois que nous devons battre et où sont baugés les sangliers. En route, des indigènes nous apprennent qu'ils viennent de voir à l'instant un vieux solitaire entrer dans un champ de canne à sucre. Nous nous postons tout autour et le faisons battre par les hommes. L'un d'eux marche au centre tirant de temps en temps des coups de fusil à blanc tandis que les autres, placés en dehors, tirent un long câble qui en passant sur les cannes à sucre les courbe et produit un grand bruit en les agitant. C'est leur manière de battre les plantations où ils ne peuvent pas entrer dans la crainte de les abîmer. Au bout de quelque temps, un assez beau sanglier sort des cannes au petit trot. Deux d'entre nous partent aussitôt à sa poursuite la lance haute. Mais on reconnaît une laie; nous nous arrêtons, car on respecte toujours les femelles dans ce genre de chasse.

Nous reprenons alors notre route et bientôt nous arrivons en vue du petit bois, but de notre excursion. C'est une jungle de mimosas touffus et de grandes herbes, pouvant avoir un kilomètre et demi de long sur deux cents mètres de large et arrondi à ses deux extrémités. A l'ouest se trouve un village près duquel un étang desséché et quelques acres de broussailles, puis la plaine nue et un grand champ de canne à sucre.

A notre arrivée, nous sommes reçus par nos rabatteurs au nombre de quarante. Deux beaux éléphants leur sont adjoints, car ces bons animaux sont indispensables aux Indes dès qu'il s'agit de battre ou même de traverser un espace boisé et particulièrement les jungles de mimosas touffus et épineux, où l'homme ne pénétrerait que fort difficilement.

Nous explorons d'abord le terrain, puis on nous poste, par groupes de deux ou de trois officiers du même régiment, dans des touffes d'arbres le long de la lisière de la jungle, de manière à voir le sanglier au débuché sans être vu de lui et à le poursuivre une fois qu'il est bien engagé dans la plaine. Tout le bois est ainsi entouré de groupes de chasseurs qui se dissimulent de leur mieux derrière les mimosas.

La battue commence. Le poste auquel j'appartenais était formé par trois officiers du régiment de rifles (chasseurs à pied), à l'extrémité du bois, entre le village et l'étang desséché. La battue est menée vers nous. De loin nous apercevons les bons gros éléphants qui s'avancent en brisant les broussailles sous leur poids. Nous entendons aussi les cris des batteurs qui fouillent les grandes herbes. Tout à coup l'herbe ondule près de moi ; mon cheval, habitué à ce genre de sport, dresse les oreilles, je saisis ma lance dans l'espoir de voir débucher un sanglier, mais, hélas ! mon attente est vaine. Au bout de quelques minutes pourtant un gros animal bondit du fourré à quelques pas de moi ; je tourne vivement la tête pour reconnaître le gibier... Nouvelle déception ! ce n'est qu'une superbe antilope. Quel beau coup de fusil j'aurais pu faire ! C'était un magnifique mâle bien marqué de blanc sous le ventre et dont les cornes pouvaient avoir soixante-dix centimètres de longueur. Je pousse un temps de galop après lui, plutôt pour le plaisir de le voir détaler devant moi que dans l'espoir de l'atteindre, car une antilope non blessée n'a jamais pu être tuée à la lance, sa course étant beaucoup plus vite que celle d'un cheval.

Je reviens à ma place et m'installe à nouveau dans la position prescrite. J'attends ainsi longtemps, voyant de temps à autre une antilope sortir du fourré et s'enfuir par des bonds gracieux, puis nous regarder de ses grands yeux intelligents et reprendre immédiatement sa course. Enfin un de mes deux compagnons pousse le cri de : « *Suar !* » (cochon !) qui remplace en ce pays le cri de : « *Bagh!* » et la lance levée nous partons tous les trois aussi vite que nos chevaux peuvent nous porter.

Le sanglier que nous chassons est un assez gros ragot qui, je ne sais comment, a passé derrière nous et se dirige vers les hautes herbes derrière le village. Nous le poursuivons d'un galop échevelé, en formant une espèce de ligne dont j'occupe la gauche vers le village. Au moment d'arriver dans les grandes herbes, le sanglier n'avait plus que quelques mètres d'avance sur nous et nous avions déjà mis nos lances en arrêt prêts à nous en servir.

Nous chargeons à fond derrière lui dans les grandes herbes, mais là commence notre déveine. Nous arrivons tous les trois en ligne sur un large fossé que les longues herbes dissimulent à la vue. Nos chevaux s'y abattent tous ensemble. Mon compagnon de droite est démonté et sa lance va se ficher en terre à plusieurs mètres de lui pendant que l'officier du centre et moi nous arrivons jusqu'aux oreilles de nos montures. Nous tenons ferme. Nos braves chevaux se relèvent et nous retrouvons notre assiette. Mais cette culbute générale nous a fait perdre de vue notre sanglier. Le temps de nous remettre il avait déjà disparu dans ces herbes où il est impossible de rien voir à quelques mètres devant soi.

Nous cherchons avec soin, battant et rebattant chaque touffe, mais le ragot est introuvable. Renonçant à le chercher dans ce couvert inextricable j'en sors, j'en fais le tour, et je cherche son volcelest. Enfin je le retrouve se dirigeant droit sur le village ; nous le suivons et nous apprenons des indigènes que notre animal de chasse a passé devant les maisons du village et s'est réfugié dans les cannes à sucre. Nous nous y rendons et nous voyons en effet son volcelest y conduire. Deux d'entre nous restent en observation autour des cannes, tandis que le troisième va chercher les rabatteurs qui arrivent bientôt avec un autre groupe de chasseurs. On rabat avec soin les cannes et notre sanglier débuche une seconde fois. Malheureusement il ne sort pas de notre côté et nous nous trouvons assez en arrière. Mais grâce à l'excellence de nos chevaux nous avons vite rattrapé l'avance de nos compagnons et nous galopons tous ensemble après l'animal.

Rien de plus excitant à mon goût, que ce moment de la chasse où l'on poursuit le sanglier la lance en arrêt, franchissant maints obstacles qui feraient frémir en temps ordinaire. On est absolument grisé par la poursuite. Chacun prend sa ligne et suit le sanglier de toute la vitesse de son cheval sans s'inquiéter du terrain, parfois épouvantable, pas plus que de ses voisins.

Notre débuché durait déjà depuis plus d'un quart d'heure et nous avions fait plusieurs milles aussi vite que nous pouvions aller ; l'avance du sanglier diminuait à vue d'œil. Notre excitation augmente et nous poussons nos chevaux en avant. Celui d'entre nous le plus rapproché de la bête finit par la piquer légèrement de la pointe de sa lance. Aussitôt l'animal furieux se retourne et nous charge tous, les uns après les autres : nous le recevons la lance en arrêt.

C'est là que se reconnaissent les chevaux vraiment habitués à ce genre de chasse. La plupart voyant l'animal arriver sur eux le poil hérissé, tournent bride, et mettent leur cavalier dans une position très désavantageuse. Les bons chevaux, au contraire, restent en place ou s'avancent vers l'animal qui charge. Ils permettent ainsi au chasseur d'embrocher le sanglier avançant sur lui et de l'éviter ensuite.

Mon cheval était très bien dressé. Il ne broncha pas à l'approche de la bête qui, ayant reçu quelques pouces du fer de ma lance derrière l'épaule, trouva plus prudent de se retirer d'un autre côté. Dans sa retraite elle rencontra un de nos compagnons qui, monté sur un petit poney, n'avait pu la suivre aussi rapidement que nous. Elle se jette sur lui avec fureur et fait à son cheval une large blessure au poitrail, pendant que le cavalier, ayant mal calculé le coup de sa lance, la brisait sur l'os frontal de l'animal.

Nous arrivons à son secours et quelques coups de lance bien dirigés achèvent le sanglier. Nous descendons de cheval et considérons notre proie. C'était un bon sanglier de cent cinquante livres, au poil court, excepté sur la hure. Les défenses étaient assez belles. Il nous avait fourni une superbe chasse et nous étions tous enchantés. Nous improvisons un bandage pour le poney blessé et nous revenons doucement au village où un bon lunch nous attendait sous un immense quinconce de banians.

Après déjeuner nous eûmes encore deux ou trois bons galops derrière des antilopes, mais impossible de retrouver aucun sanglier. Force nous fut donc de rentrer à la nuit tombante au bungalow où nous avions déjeuné en partant, ne ramenant qu'un seul sanglier; mais cette chasse avait donné à chacun sa part d'agrément et de gloire. Pas n'est besoin de dire que le retour fut des plus gais. En arrivant un magnifique dîner nous attendait au mess d'un régiment de hussards. Il fit oublier les chutes qu'on avait pu faire durant cette agréable journée.

Pour moi, n'ayant eu, pendant tout mon séjour aux Indes que cette seule occasion de participer à un pig-sticking, j'étais particulièrement heureux de connaître enfin un genre de sport si justement apprécié dans ce pays.

LE RETOUR

LE RETOUR

Enfin notre séjour dans les jungles du Népaul touche à son terme. Ce n'est pas sans regrets que le 9 avril nous disons adieu aux montagnes de Katmandoo et que nous voyons disparaître peu à peu le beau pic blanc et rose de l'Everest. Nous prenons en silence le chemin de la frontière anglaise tout en chassant par-ci, par-là, sur notre route.

Avant de quitter notre campement, le dernier que nous devions faire sur le territoire libre du Népaul, nous avons tenu, mon cousin et moi, un grand « dehrbahr ». C'est une cérémonie de réception chez les indigènes de l'Inde. A cette fin on avait disposé devant notre tente un grand tapis au sommet duquel étaient placées deux chaises pour mon cousin et moi. Des deux côtés se trouvait une rangée de sièges pour nos compagnons et les chefs indigènes que nous allions recevoir.

Ils arrivèrent bientôt; à leur tête marchait le Sooba Sahib, le jeune juge du district où nous avions chassé. Derrière lui venaient le gros capitaine, surnommé par nous le duc du Népaul à cause de l'importance qu'il cherchait à se donner, puis les chicaris avec les chefs de sections du convoi des éléphants. Tous étaient en grand costume. Ils étaient vêtus d'une sorte de redingote gros bleu boutonnée de travers avec d'énormes boutons de cuivre doré portant soit un soleil, soit un éléphant, selon leur grade et leurs attributions. Leur turban blanc ou bleu, suivant leur caste, était surmonté d'un grand soleil d'or (faux, naturellement). Dans leur ceinture était passé le traditionnel coukri. Leurs pantalons bouffants, serrés à la cheville à la manière des zouaves, étaient de toile blanche et leurs pieds nus s'enfonçaient dans de larges babouches dorées aux dessins variés.

Tel était le costume général du cortège bizarre qui vient se prosterner devant nous avec force salams et protestations de dévouement. Nous fîmes asseoir les chefs près de nous et leur suite s'accroupit en cercle derrière eux. Nous les remerciâmes de leurs bons services bien que nous n'eussions pas eu toujours à nous en louer. Puis vint la distribution des cadeaux. Le Sooba Sahib était chasseur, mais tirait indignement mal, nous lui offrîmes une carabine à deux coups se chargeant par la culasse qui sembla l'intriguer considérablement. Quant au gros tonneau de « capitaine », n'étant pas capable de chasser, nous lui fîmes présent d'une énorme montre à laquelle pendait une chaîne d'or démesurément longue. Il en orna immédiatement sa proéminence abdominale et se mit à caresser complaisamment la chaîne d'or que ses yeux ne pouvaient quitter. Les autres sous-chefs étant salariés, reçurent de bonnes paroles et l'assurance que leur solde leur serait remise au passage de la frontière anglaise.

A son tour, le chef népaulais nous offrit ses cadeaux. Ils consistaient en un énorme coukri pour chacun de nous. Nous leur adressâmes de chaleureux remerciements et après avoir fumé un cigare en leur compagnie, nous les congédiâmes. Je ne pus retenir un sourire à la vue d'un gros indigène, espèce de clerc du juge, qui nous faisait salam en arrondissant les épaules. Sur son large dos recouvert seulement d'une légère redingote de toile blanche, un énorme *Jecko des murailles* (sorte de lézard, plat et grisâtre) s'était installé en travers des deux épaules et dormait paisiblement au soleil.

Nous montons dans nos aowdahs et partons escortés par les éléphants népaulais qui nous suivront jusqu'à la frontière même. Nous traversons les jungles où nous avons chassé si souvent. Je repasse à l'endroit où la tigresse m'a attaqué et tous ces souvenirs ajoutent encore à mes regrets de la fin de cette expédition. Quelques coups de fusils sont tirés de loin en loin sur les oiseaux ou les chats sauvages que nous rencontrons à chaque pas.

Au sortir de cette jungle la plaine s'offre soudain à nos yeux, aride, sèche, poudreuse et ne montrant que de distance en distance des bouquets de manghou ou de bambous destinés à protéger les villages contre les vents brûlants qui règnent sur ce désert. Ce sont les possessions anglaises qui apparaissent sous un jour bien défavorable en sortant des riantes vallées du Népaul. Le long de la jungle une ligne de poteaux noirs, calcinés par le soleil marquent la frontière. Il faut nous arrêter pour donner congé aux éléphants népaulais et payer les mahawats.

Un gigantesque banian semble avoir été planté là à cet effet. Il pousse auprès d'un ruisseau dans une large clairière ; ses mille branches reliées au sol par d'énormes racines formant autant de piliers nous offrent une ombre aussi agréable que fraîche. Sous cette voûte les éléphants peuvent circuler à leur aise au milieu de centaines d'orchidées en fleur qui répandent dans l'air un parfum étrange.

Nous nous rangeons près de ce géant des forêts et en face de nous les Népaulais font aligner leurs éléphants comme une troupe. Quand ils sont bien alignés leur chef commande « Fixe ! » Mais au lieu de « Présentez armes ! » il fait « Présentez trompes ! » Tous les éléphants lèvent leurs trompes en l'air d'un seul mouvement en ouvrant leur large bouche que referme à moitié leur lèvre inférieure. A un autre signal ils poussent ensemble un cri aigu et abaissent leurs trompes. Les honneurs sont rendus.

Ils font par file à droite et défilent un à un devant nous recevant chacun sa paye puis se retirant en silence. C'est bien la fin de la chasse cette fois et le départ de ces braves animaux m'attriste encore. Ils étaient si drôles, si joueurs, si vifs ces petits éléphants trotteurs qui marchaient guidés par la massue armée de clous des féroces chicaris. Ils nous avaient rendu tant de services par leur vitesse et leur agilité qu'il aurait fallu être bien ingrats pour ne pas regretter ces compagnons de nos émotions et de nos dangers.

Aussi le commencement de notre lunch fut-il empreint de cette tristesse. Mais bientôt la beauté du site, l'odeur enivrante des orchidées et aussi les souvenirs de nos exploits nous rendirent notre gaîté habituelle. Nous repartîmes sur nos éléphants dans la direction de Purneah, sûrs de n'être plus entravés dans notre marche par les jungles ou les rivières.

Ne renonçant jamais à la chasse je poursuis le moindre oiseau qui a le malheur de se lever devant moi, je fouille tous les bouquets d'arbres que je rencontre et je finis par rapporter au camp, le soir, un assez joli tableau d'animaux variés.

Quelle différence entre ce camp et ceux que nous venons de quitter. Le lit large et torrentueux de la Coosy est remplacé par un pauvre petit ruisseau d'une dizaine de pieds de large où nous avons peine à trouver assez d'eau pour notre bain du soir. Les crapauds et les grenouilles ont remplacé les crocodiles et de pauvres petits goujons nagent à la place des marsouins du Gange.

La végétation luxuriante a totalement disparu et le sol n'est recouvert que d'une couche de court gazon jaune, brûlé par le soleil. Notre camp, qui, ordinairement, était si animé au retour de la chasse, est morne et semble endormi ; les chariots à bœufs sont moins nombreux et nous n'avons plus que nos éléphants d'aowdah convertis en bêtes de somme. Le reste de la colonne a continué sa route sur Purneah.

Avant dîner nous étions assis, fumant tranquillement en dégustant notre breuvage favori le « whisky ped », quand un vieil Indien à la barbe blanche s'approcha de nos tentes. C'était un homme d'une taille au-dessus de la moyenne chez les Indiens, sa barbe et ses cheveux étaient entièrement blancs et légèrement bouclés. Il s'appuyait sur un grand gourdin et portait une large écharpe jetée sur ses épaules nues. Il vient à nous, mais son air nous frappe, car il ne semble pas vouloir demander l'aumône comme le font généralement les indigènes, quand ils rencontrent un blanc. Il nous fait des salams assez dignes et nous explique qu'ayant entendu dire qu'un camp de blancs passait près de son village et qu'il y avait parmi eux un médecin, il était venu pour le consulter. Le bon docteur l'interroge alors sur sa maladie ;

elle est fort simple, nous dit-il, et rejetant une couverture qu'il portait sur son bras gauche, il nous montre une énorme poche qui pendait de son coude.

Au premier abord on aurait pu prendre cette poche pour une besace ou quelque sac qu'il avait suspendu à son bras, mais, en y regardant de plus près, nous voyons qu'elle adhère au coude, elle est contenue par une membrane semblable à la peau du bras et toute sillonnée de larges veines bleues. Sa longueur peut être de trente à trente-cinq centimètres sur quinze centimètres de diamètre. L'intérieur est rempli d'un liquide aqueux que l'on entend remuer à chacun des mouvements du patient. Interrogé sur le développement de ce kyste, il répond qu'il date d'environ quarante-cinq ans et que chaque année il allonge un peu. En outre, quand il fait très chaud, du sang s'épanche par l'extrémité inférieure et c'est la seule douleur que cet appendice lui cause. Il voudrait que le docteur l'en débarrassât immédiatement. Mais celui-ci s'y refuse. Faire l'amputation de ce membre où se trouve tant de veines lui paraît impossible en ce lieu, par ce soleil et sans les instruments nécessaires. Il craint d'affaiblir le vieil Indien qui a, nous dit-il, plus de soixante-dix ans. Il veut lui persuader de le suivre jusqu'à Purneah, où il pourra étudier le cas et le soigner tranquillement. Mais le vieillard ne connaît que son village, et il s'effraye en entendant prononcer des noms inconnus et parler de distances pour lui fabuleuses (45 milles). Il nous remercie de notre bonté et nous dit : « Puisque ma poche m'a tenu compagnie pendant quarante ans sans trop me faire souffrir je puis bien me résigner à la porter encore pendant le peu d'années qui me restent sans doute à vivre. » Incapables de le persuader, nous le régalons de whisky.

Il nous quitte enchanté et portant sa poche bien plus allègrement.

Cet incident et les souvenirs de nos chasses font les frais de la conversation durant toute la soirée; car tout semble avoir disparu en même temps. Les chacals eux-mêmes nous ont abandonnés et leur concert, gai et lugubre à la fois, nous manque beaucoup. On se croirait dans un pays mort sous ce ciel de plomb où pas un souffle d'air ne vient rafraîchir la chaleur écrasante de la nuit.

Le lendemain personne ne songe plus à la chasse. Chacun désire arriver à la prochaine étape aussi rapidement et confortablement que possible. Mais le docteur, le fidèle Léon et moi, nous sommes chasseurs avant et par-dessus tout. Aussi profitons nous des trois derniers éléphants pour aller chasser à padd sur la route qui nous mène au prochain campement.

Dans la plaine nous ne rencontrons guère que des ortolans dont nous faisons de véritables massacres. Les bosquets, touffes de bambous, etc., sont les seuls endroits où nous trouvions des oiseaux un peu plus gros. Ce sont toutes les variétés de pigeons, de tourterelles, de pies, de geais, de corbeaux et d'oiseaux de proie. Dans un de ces épais bosquets il m'arrive une aventure assez amusante. Nous avions tué quelques oiseaux quand tout à coup une masse noire charge mon éléphant qui pousse un cri strident. Le mahawat me crie : *Suar! suar!* J'empoigne ma carabine et j'envoie une balle au jugé dans le fourré. Ne voyant plus rien je me laisse glisser à terre, et armé de mon express je m'avance avec précaution dans le fourré où s'est retiré le sanglier, prêt à faire feu au moindre mouvement. Quel n'est pas mon étonnement à la vue d'une énorme truie noire, étendue sur le sol, marquée de larges plaques roses. J'avais tué un cochon domestique. La chose me fait tordre de rire et j'appelle mes compagnons qui naturellement se moquent de moi. En me retournant je vois un gros sanglier mâle. Il me regardait d'un œil mauvais, mais celui-là était absolument rose et l'erreur n'était pas possible. Je sors donc du bois et je rencontre à la lisière le propriétaire de ma victime à qui je donne une roupie. Les indigènes me disent que c'est trop. Pour comble de malheur un autre indigène accourt l'air furieux. Il m'explique que le cochon lui appartient et qu'il faut le lui payer. Je lui montre l'homme à qui je venais de rembourser la bête et il se jette sur lui. Une bataille sérieuse s'ensuit et je ne réussis à les séparer qu'en donnant au dernier arrivant la même somme qu'au premier. Je me demandais en m'éloignant si un troisième n'allait pas me faire aussi une réclamation et je pensais que le cochon n'appartenait ni à l'un ni à l'autre; les indigènes sont si menteurs et si voleurs!

Nous traversons ensuite une grande plaine où s'élève une factorerie d'indigo mais elle a été abandonnée et son aspect est misérable. Près de ces ruines se trouve un assez gros bouquet d'arbres dont la haute futaie est formée par les troncs gigantesques de superbes banians et le sous-bois par de très beaux bambous. J'envoie en passant une balle à un vautour qui tombe en se débattant dans les feuilles. Aussitôt mille cris stridents s'élèvent des sommets touffus des banians et de grandes chauves-souris, connues généralement sous le nom de vampires, déploient leurs ailes énormes et se mettent à voler de tous côtés. Nous nous lançons à leur poursuite à la grande joie des indigènes. En effet ces animaux détruisent tous les fruits du pays où ils séjour-

nent et abîment les arbres où ils se pendent. C'est un spectacle
curieux de voir les grappes formées par ces animaux qui s'accrochent aux branches par les crochets dont sont armées leurs pattes
de derrière et qui se laissent pendre ainsi la tête en bas. En
outre les indigènes se régalent de la chair de ces frugivores qui,
dit-on, est assez délicate. Ils se servent aussi de certaines parties très développées de leur corps pour en faire des talismans.

Le vampire a le corps assez gros et ressemble beaucoup à un
renard. Il a la même fourrure rousse et la même tête fine garnie
de fortes dents pointues et tranchantes comme des rasoirs. Il a
l'air de voler lourdement, mais il n'est pas facile à tirer; car ses
grandes ailes qui, déployées, font croire à un oiseau au moins
aussi gros qu'une buse de nos pays, peuvent être traversées par
plusieurs projectiles sans que leur propriétaire vienne à tomber.

Nous en tirons autant que nous pouvons et les indigènes nous
secondent dans notre destruction; ils grimpent aux arbres,
secouent les bambous et nous les rabattent de toutes les manières
si bien que le combat finit faute de combattants et aussi de
munitions.

Nous reprenons donc le chemin du camp. Avant d'y arriver
nous rencontrons une petite rivière d'une eau assez claire et peu
profonde. Deux indigènes y jettent leurs filets et les ramènent
ensuite sur une petite plage sablonneuse. Nous mettons pied à
terre pour examiner leur pêche. Parmi quelques poissons assez
semblables à ceux de nos rivières européennes, nous voyons
deux ou trois petits animaux qui attirent notre attention. On
aurait dit des œufs d'un blanc éclatant qui flottaient sur l'eau.
La tête et la queue seules dépassaient cette espèce d'œuf qui
n'était autre chose que leur ventre gonflé d'air. En les touchant

ils se dégonflaient en produisant avec leurs ouïes une musique assez singulière, coulaient et se remettaient à nager comme de simples goujons. Nous restons quelque temps à surveiller ce curieux manège, puis nous nous dirigeons vers notre camp qui est seulement à quelques centaines de mètres de la rivière.

Ce camp est situé dans un des plus jolis emplacements que puissent rêver les amateurs de pittoresque. Les tentes sont placées le long de la grande route sorte de gazon d'une vingtaine de mètres de large, bordée de chaque côté par un fossé rudimentaire. Des deux côtés du camp se trouve un superbe bois d'énormes mangliers en fleurs où chantent des milliers de tourterelles et autres oiseaux de ces pays. De l'autre bord de la route, immédiatement en face de nous, s'élève le plus beau banian que nous ayons encore rencontré. Ce n'est pas que ses branches soient très étendues, j'en ai vu qui couvraient le double, le triple et même le quadruple de terrain, mais le tronc principal de celui-ci est merveilleux. A une dizaine de mètres du sol le tronc se divise en plusieurs branches et fait une superbe plate-forme où l'on pourrait, sans exagération, tenir quinze ou vingt autour d'une table. De toutes parts on est entouré de grosses branches formant balustrades sur lesquelles mille orchidées en fleurs étalent leurs pétales multicolores. Mon cousin s'y est installé pour écrire et mon chien y joue avec un bouchon de paille. Un enchevêtrement de branches touffues et reliées les unes aux autres par les branches réunies en facilite la montée. Ces cordes naturelles font un véritable escalier qu'un enfant pourrait gravir sans aucune difficulté. Nous admirons ce dernier représentant de la grande jungle qui couvrait autrefois ce pays.

Déjà nous pouvions apercevoir à la nuit les lueurs de Purneah.

Elles nous révèlent l'approche de la civilisation dans laquelle nous allons rentrer après un éloignement de plus de six semaines.

Le 11 avril, nous nous trouvions dans le petit bungalow où nous avions lunché le jour de notre départ pour cette expédition. Nous nous y étions transportés les uns à cheval, les autres à éléphants, et Madame de Morès en pulky (espèce de chaise à porteur couverte). Nous n'avions rien vu à tirer dans cette plaine de plus en plus aride et où les arbres se font de plus en plus rares. Pourtant un spectacle assez curieux s'offrit à nous et l'on me pardonnera de le raconter.

Nous suivions notre route en pestant contre l'aridité de la plaine où le soleil nous brûlait sans pouvoir tirer le moindre coup de fusil, quand, de loin, nous apercevons de longues bandes d'indigènes marchant naturellement à la file indienne et qui paraissaient aller dans la même direction. De tous les villages des environs des bandes identiques semblent s'allonger indéfiniment. Nous en demandons l'explication à nos hommes et voici celle qui nous fut donnée. Chaque année, nous disent-ils, depuis plusieurs siècles, les habitants de cette contrée se rendent en pèlerinage sacré vers un grand étang. Là, ils jettent leurs filets et leur pêche est offerte aux dieux qu'ils adorent. Quant à la tradition et à l'origine de ce pèlerinage, les anciens des villages nous rapportent que les pères de leurs grands-pères étaient de pauvres sauvages vivant de fruits et de gibier dès ce temps-là, paraît-il, déjà fort rares, puisque, toujours suivant la tradition, ils mouraient de faim et de la fièvre. Un jour un beau jeune homme, accompagné d'un vieillard aveugle à la longue barbe blanche qui conduisait une biche apprivoisée, passa par leur village. Ils se rendaient sur les hauts plateaux de l'Himalaya, où l'air est pur et frais et où la neige recouvre la cime des montagnes qui semblent s'élever jusqu'aux cieux. Touchés de compassion pour les habitants de ces pauvres contrées, les deux voyageurs s'arrêtèrent dans le village. Ils apprirent aux habitants à faire des filets et à prendre les poissons dans les étangs. Il paraît que le poisson était moins rare que le gibier, car la pêche sauva ces malheureux d'une mort imminente. Depuis ce jour, à juste titre mémorable, on va tous les ans à la même époque en grande cérémonie pêcher dans ces étangs. Les prêtres marchent à la tête de chaque village et tous chantent les cantiques (c'est-à-dire qu'ils poussent des cris et des sons inarticulés sur une mesure fantastique). Arrivés au fameux étang, les filets sont jetés au milieu du recueillement général, la pêche est sanctifiée par les prêtres et la procession reprend sa route vers le village. Là, chaque habitant offre le produit de sa pêche à la statue représentant le jeune voyageur, lequel dit encore la tradition, n'était autre que Bouddha, le prophète moralisateur de ces régions, qui habita si longtemps aux bords du Gange.

La légende me paraît curieuse et je tâche de faire comprendre au doyen du village qui me l'a contée que j'aimerais assister à cette sainte pêche. Immédiatement son visage se trouble. Il me répond que la présence d'un blanc serait un sacrilège; du reste. les mahawats nous assurent que la foule assemblée autour des étangs nous ferait peut-être un mauvais parti, les hommes étant déjà sous l'empire de je ne sais quelle drogue qui les fanatise. Force m'est donc de renoncer à ce curieux spectacle; mais ma journée ne me paraît pas perdue. Je suis satisfait d'avoir recueilli cette légende. Tout en repassant dans ma tête le récit du vieil Indien et la longue procession de pêcheurs couverts de fleurs, chantant des cantiques, j'arrive au camp. Je n'ai pas trouvé la route longue, le soleil chaud, et n'ai pas même remarqué l'absence totale du gibier, ce qui est beaucoup plus grave pour un fervent chasseur.

Le dîner est fort gai, car c'est le dernier que nous allons faire tous ensemble ; le lendemain notre compagnie devra se séparer. Nous portons divers toasts, non sans discuter encore les nombreux incidents de cette curieuse et intéressante expédition.

Le lendemain de bonne heure nous partons tous dans une grande voiture, celle qui nous a amenés, et nous arrivons à Purneah avant la forte chaleur. Pourtant, il fait déjà près de cinquante degrés à l'ombre, mais c'est la fraîcheur. A notre arrivée, inspection générale de nos trophées. Ce sont d'énormes peaux de tigres, de crocodiles, des têtes de cerfs et de sangliers et toute une collection d'animaux empaillés qui sont ma propriété particulière. Le coup d'œil est assez joli.

Après un jour donné à nos arrangements et au repos, nous repartons de Purneah le vendredi 13 avril. La masse énorme de nos colis a complètement affolé les employés de la gare qui refusent de les charger. Par une habile manœuvre, M. Williams s'empare de la passe du mécanicien, qui ne peut partir sans être muni de cette pièce et il fait empiler nos caisses dans les fourgons. Nous arrivons au bateau avec une heure de retard. Là nous revoyons pour la dernière fois notre chère Coosy avec ses crocodiles dormant au soleil et ses bandes d'oiseaux de toutes les couleurs. Les marsouins du Gange nous suivent en jouant et semblent vouloir nous souhaiter bon voyage.

Le 14, nous étions de retour à Calcutta, où nous rencontrions

CAMPS	TIGRES	CERFS	SANGLIERS	PAONS	SINGES	PERROQUETS	PIÈCES D'EAU	COQS DE JUNGLE	VILARS	VAUTOURS	TOURTERELLES	CROCODILES
Sitwah-Gaddy	»	»	»	»	3	1	1	»	7 2	1	10	1
Awnogeah Ghat	1	11 3 27 12	13	»	»	10	17 8	»	2	2	25	2
Bohta	1	18 7 16 5 11 12	2 2 4 1	1 2	3	1 5	18 10 10	10	14	2 7 8	71 51	1
Awnogeah Guay	2 [illegible] 1	21 3 28	11 2	11	8	32 15	3	»	3 13 12	»	5	4
Dewanguni	1	»	»	2	24	3 10	2 4	8 12	»	2 5 12	5 11 41	»
Awnogeah Ghat	»	8 10	1	»	2	17 3	»	»	»	»	20	2 5
Bohta	5 (avec les petits mis bas) 1	9 3 15	12 1	2	4 7	27 19	»	11	1 (Cobe)	»	45 63	4 6
Dewanguni	»	»	»	»	»	6	»	»	»	»	19	»
Frontière	»	»	»	»	»	13	»	1	»	42	34	»
Banian	»	»	10	»	»	»	»	»	»	21	53	»
Camelpoor	»	»	»	»	»	43	»	»	»	9	»	»
Purneah	»	»	»	»	»	»	»	»	»	»	»	1
Totaux	12	216	57	19	45	176	82	19	36	116	403	22

CAMPS	CAILLES	BÉCASSINES	FLORICANS	CORBEAUX	PERDRIX	LIÈVRES	DIVERS	(nombre)	TOTAL
Sitwah-Gaddy	1	»	1	»	7	2	1 Jabirus. 1 Butor. 2 Écureuils. 1 Toucan.	5	42
Awnogeah Ghat	7	20	1	»	11	1	1 Héron. 1 Chacal. 2 Grands-ducs.	4	188
Bohta	»	31 58 67	3	»	15 12 23	3	1 Chacal à cheval. 12 Vanneaux. 1 Engoulevent. 4 Toucans. 7 Butors.	25	509
Awnogeah Guay	11	10 12 3	1	»	19	»	1 Casarka. 1 Ibis. 1 Loriot. 10 Grands-ducs. 1 Toucan.	14	254
Dewanguni	13	50 42	»	»	12	»	90 Geais bleus. 5 Aigles. 3 Oiseaux serpents. 2 Grands-ducs. 6 Toucans. 7 Martins-Pêcheurs. 12 Aigrettes. 8 Courlis. 14 Pies. 3 Chacals. 1 Colin. 1 Ibis. 1 Civette. 7 Pies peintes. 1 Mangouste.	89	358
Awnogeah Ghat	2	62	1	»	11	1	7 Aigles. 21 Cols-blancs. 13 Butors.	41	189
Bohta	2	18 27 15	2	»	11 21	1	1 Cigogne noire. 4 Engoulevents. 6 Vampires. 17 Hirondelles de mer. 6 Hérons. 3 Pies-vertes. 2 Aigles.	38	372
Dewanguni	1	»	»	»	»	»	1 Toucan. 2 Chouettes. 1 Faucon blanc. 5 Aigles.	0	34
Frontière	3	»	»	50	»	»	3 Aigles. 12 Pies peintes. 8 Geais bleus. 11 Guépiers. 7 Loriots. 3 Gros-becs. 2 Mangoustes.	40	198
Banian	»	»	»	21	2	1	10 Geais bleus. 3 Pies peintes. 5 Loriots. 1 Ibis. 1 Cormoran.	20	128
Camelpoor	»	»	»	52	»	»	5 Toucans. 1 Héron. 7 Pies peintes. 32 Vampires. 5 Pies. 3 Loriots.	53	129
Purneah	1	3	»	19	1	»	5 Canards. 3 Sarcelles. 11 Grèbes. 7 Martins-Pêcheurs. 1 Poisson de 7 livres.	27	31
Totaux	52	451	11	131	131	9		371	2142

MM. de Breteuil et Saulti ; ils revenaient d'une expédition de chasse en Assam. Nos deux compagnies rapportaient vingt-deux tigres, quinze rhinocéros, trente-cinq buffles et quantité de cerfs et de sangliers. En somme, notre succès avait été complet et nous avions prouvé aux Anglais que les Français peuvent réussir aussi bien qu'eux dans ces expéditions de chasse au gros gibier.

Un mot seulement en terminant sur la manière dont nous avons été traités par les Népaulais.

Au début, ils se montraient des plus complaisants, obséquieux même ; ils étaient aux petits soins pour nous. Ils pensaient sans doute que nous serions bientôt lassés par le climat de leur pays, à qui, dit la tradition populaire, la fièvre forme une frontière infranchissable. Lorsqu'ils virent que nous ne souffrions nulle- ment et que nous étions enragés pour la chasse, ils essayèrent de nous dégoûter et de nous empêcher de tuer des tigres. Leur mauvaise volonté fut déjouée par l'habileté de M. Wil- liams, qui a acquis par une longue pratique la connaissance de toutes les ruses de ces peuples. Se voyant battus sur ce point, ils voulurent nous expulser de leur territoire, sous prétexte que nous n'avions point de passe. Il faut le dire, notre seul papier était un télégramme du ministre du Maharadjah. La question était plus grave. Force fut de télégraphier à Katmandoo pour que des ordres précis fussent envoyés à notre escorte népaulaise qui prétendait nous chasser du pays où elle devait nous conduire. Les ordres vinrent heureusement. Ils étaient formels, car le décor changea comme par enchantement. Les tyrans de la veille devin- rent des serviteurs empressés, surtout à l'approche de l'heure de la séparation. Ils tenaient à avoir de nous une lettre par laquelle nous reconnaitrions leur zèle et leur dévoûment ; sans cette lettre et sur la moindre plainte de notre part ils auraient eu la tête tranchée à leur retour, par ordre de ce féroce ministre, qui n'avait pas reculé devant l'assassinat de son oncle pour occuper sa place.

Malgré ces petites difficultés, notre expédition eut un plein succès et nous revînmes tous en bonne santé de ce terrible Teraï népaulais.

Tous mes compagnons garderont aussi bon souvenir de ces quelques semaines passées dans les jungles sauvages, au milieu des tigres et des animaux de proie que nous avons eu le plaisir de chasser non sans périls mais sans dommages. C'est, du moins mon espoir.

FIN

TABLE

ÉVREUX, IMPRIMERIE DE CHARLES HÉRISSEY

9 782014 043297